重庆市科技兴林科学研究类项目（渝林科研YD2024-5）

草文化与重庆草资源研究

周　恺　周宪章　陈志云◎主　编

重庆大学出版社

图书在版编目（CIP）数据

草文化与重庆草资源研究／周恺，周宪章，陈志云
主编. --重庆：重庆大学出版社,2024.10. --ISBN
978-7-5689-4849-4

Ⅰ. S812

中国国家版本馆CIP数据核字第20249GG877号

草文化与重庆草资源研究

主 编 周 恺 周宪章 陈志云
策划编辑：章 可
责任编辑：张红梅 版式设计：张 晗
责任校对：谢 芳 责任印制：赵 晟

*

重庆大学出版社出版发行
出版人：陈晓阳
社址：重庆市沙坪坝区大学城西路21号
邮编：401331
电话：（023）88617190 88617185（中小学）
传真：（023）88617186 88617166
网址：http://www.cqup.com.cn
邮箱：fxk@cqup.com.cn（营销中心）
重庆升光电力印务有限公司印刷

*

开本：787 mm × 1092 mm 1/16 印张：15.25 字数：213千
2024年10月第1版 2024年10月第1次印刷
ISBN 978-7-5689-4849-4 定价：98.00 元

编委会

序

　　《草文化与重庆草资源研究》是由周恺、周宪章和陈志云三位学者共同担任主编完成的关于草与人类文明、草类植物资源保护与利用的著作。

　　草地是全球最大的陆地生态系统，包括天然草原、栽培草地和观赏草地（城镇绿地、运动场草坪、保护地草地）。草地与人类自身的进化和文明的发展密不可分。至少在 160 万年前，人类走出森林，来到草地，开启了具有重要意义的历史进程。恩格斯在《家庭、私有制和国家的起源》一书中曾指出，谷物的种植首先是为了满足家畜的需求。从茹毛饮血、钻木取火，到渔猎驯养、谷物种植、文化娱乐，无不与草地密切相关。人类在创造文明的同时，也改变着自身。如果没有与草地长期的协同进化，人类的发展进程可能会有所改变。

草地在我国也是最大的陆地生态系统之一，大约占据了国土面积的 27.6%。自盘古开天地以来，伏羲授民渔猎，神农授民稼穑，在漫长的生产实践和生活中，创造了包括草原文化在内的灿烂的中华文明。人们歌唱草地、赞美草地。早春，"草色遥看近却无"（韩愈《早春呈水部张十八员外·其一》）；渐渐地，"浅草才能没马蹄"（白居易《钱塘湖春行》）；而到了秋季，则是"无边绿翠凭羊牧，一马飞歌醉碧霄"（佚名《草原》）。远山如黛、近水含烟、芳草萋萋、牛羊肥壮、歌舞升平的大美画卷无不与草地相关。

草类植物是一切草本植物的统称，也包括小灌木和半灌木，是构成草地最重要的部分，也是最基本的单元。草类植物具有多种功能，其一是为家畜提供饲草，从而满足人们对牛羊肉、牛奶、纤维等日益增长的需求，故有西方谚语曰"肉皆是草（All flesh is grass）"。草类植物还具有重要的生态功能，如固碳、固氮，调节大气成分，涵养水源，防止水土流失等。每种草类植物，都有其特定的基因组成，含有独特的生态功能。因此，保护草类植物，也就是保护生物多样性。有些草类植物还具有药用功能，在现代医学诞生以前，中华民族就是依靠这些传统的药用植物治疗疾病，维护着人们的健康。人们歌唱如诗如画的草地，也赞美风景这边独好的小草，以草铭志，以草抒情："离离原上草，一岁一枯荣。

野火烧不尽，春风吹又生"（白居易《赋得古原草送别》），赞颂小草顽强的生命力；"疾风知劲草，板荡识诚臣"（李世民《赐萧瑀》），褒扬小草坚韧的品质；"草木有本心，何求美人折"（张九龄《感遇十二首·其一》），歌颂小草淡泊名利、坚守自我的品格。

进入现代社会以来，科技的发展极大地提高了生产力，但是不断增长的人口与有限的自然资源的矛盾日益突出。由此也引发了一系列生产和生态问题，如气候变暖、食物短缺、环境恶化、草地等土地资源退化、生物多样性丧失等。有专家在 21 世纪初出版专著强调发展草地农业的重要性，认为这是解决上述全球面临的重大问题的必要措施，也是创造美好生活，构建人与自然和谐发展，医治城市"病"的重要途径之一。

我国拥有五千多年文明史，曾创造了许多包括草田轮作在内的、世界领先的农业技术。据任继周先生考证，汉代以后，以生产粮食为主的耕地农业逐渐取代了以草地为主的草地农业。进入近现代社会以来，粮食生产成为农业生产的代名词。已故的南京农业大学王思明教授经过研究后指出，在 20 世纪 30 年代，发达国家农田种草的比重已经达到 20%~50%，而我国仅为 0.3%。中华人民共和国成立以来，农业取得了巨大成就，用有限的耕地和水资源，基本解决了全国人民的温饱问题。但是，"以粮为纲"的农业生产也达到了登峰造极的地步。很多的人认为草地是大自然的恩惠，不需要投入。农田种草更是成为被遗忘的角落。即便如此，小草的品格依然得到文人们的赞扬。我记得，20世纪60年代初，曾看过一部电影《昆仑山上一棵草》，歌颂在艰苦环境中工作的人们，就像昆仑山上的小草，坚韧不拔。

改革开放以来，特别是党的十八大以来，草地在国家经济与社会发展中的基础性和战略性地位得到了全社会的认同，草业的发展也进入了黄金时期。

重庆市是我国中西部地区唯一的直辖市，国家中心城市。一方面，其位于青藏高原与长江中下游平原的过渡地带，长江横贯全境。市内多山，山高谷深，沟壑纵横，山地占地面积76%，丘陵占22%，河谷平地仅占2%。与此相一致，现有耕地多为坡地，其中，坡度在15°以上的，约占耕地总面积的40%。第三次重庆市国土调查数据显示，重庆市人工种草面积仅5 000亩。另一方面，重庆市降雨量丰富，年平均降雨量1 136.5 mm。生物多样性丰富，现拥有各类高等植物6 000余种，仅次于云南和四川两省。充分利用重庆市的资源禀赋，大力种植牧草，发展草食家畜生产、改善生态环境，确保一江碧水向东流，是重庆市义不容辞的责任。当务之急，是提高对草类植物的认识，培养对草地、草类植物的感情。

在全社会形成识草、爱草、护草、植草的浓厚氛围。其次，要明确现有草类植物资源，并对其进行收集、保存、评价，进而开展驯化选育，用于生产和生态实践，为实现上述目标奠定物质基础。

《草文化与重庆草资源研究》的出版恰逢其时。本书分为识草、用草╳╳╳╳分：首先，从文化的角度介绍并赞扬草类植物╳╳╳╳╳述了重庆市饲用植物与药用植物资源的概况；╳╳╳╳，提出了保护草类植物资源的策略。本书具有鲜明的地方特色及重要的应用价值，相信必将在实施长江大保护、乡村振兴、推进美丽中国建设等国家重大举措中，发挥积极的作用。

本书的作者周恺和陈志云是重庆市林业规划设计院的正高级工程师，周宪章是重庆市教育科学研究院的高级讲师。他们利用工作之余，为小草摇旗呐喊、著书立说，难能可贵，也足以说明作者们的学术眼光和大局意识。自 2018 年国家设立国家林业和草原局以来，林草融合发展已成为主要任务之一，草地受到了空前的重视。但与林业和林业科学相比，草业和草业科学还相对年轻，迫切需要兄弟学科，特别是林业科学给予支持。但受学科所限，林草融合尚需进一步加强。现在，我高兴地看到，本书作者们的实践，说明林业科技工作者已经开始介入草业，以具体行动，促进林草融合。这令我十分欣慰，谢谢作者们。我和作者们交往不多，但当其邀我作序时，我欣然同意，这是主要原因之一。草业的发展距国家的需求尚相差甚远，草业科技工作者需要更多地向林业科技工作者学习，吸收兄弟学科的先进理论与技术，加快草业发展，以满足国家的重大需求。

本书图文并茂，是一部颇有价值和地方特色的科普读物，不仅可供在重庆从事相关工作的人员参考，也可为全国从事草业科学、生态学、动物科学、中药学、环境科学等领域研究的学生、科研人员提供参考。

祝贺本书的出版，期待更多的林业科技工作者投身草业。谨以此为序。

中国工程院院士

草种创新与草地农业生态系统

全国重点实验室　首席科学家

兰州大学草地农业科技学院　教授

前　言

　　《草文化与重庆草资源研究》是一本全面介绍草文化和重庆地区草资源及其利用与保护的书籍。全书分 3 个部分、共 6 章。第一部分"识草",深入探讨了草与人类文明的紧密关系和重庆草资源概况,并从文字演变、文化内涵和精神象征,到草在生态文明建设中的物质利用,再到重庆草地资源分布和主要草种情况,展现了草的多元价值和重庆草资源的丰富多彩。第二部分"用草",详细介绍了重庆药用草和饲用草的多种应用。草在当地医药行业和畜牧业发展中也得到充分的利用。第三部分"护草",详细分析了草资源面临的种种挑战,并提出相应的保护策略。面对自然灾害、人为活动和社会公众意识不足等问题,通过加强自然修复和人为干预技术研究、完善社会保护机制等多种手段,实现重庆草

资源的可持续利用和保护。

中国工程院院士、兰州大学草地农业科技学院教授南志标先生在百忙之中拨冗作序，在此向南志标院士表示崇高的敬意和衷心的感谢！

识草、用草、护草，草草皆学问。一花一世界，一草一乾坤。野火烧不尽，春风吹又生，歌颂了草的生生不息，一棵小草，可以撑起一片绿，因此它也是山水林田湖草沙中的一员；一棵小草，它可以拯救数百万人的生命，屠呦呦因此而获得诺贝尔奖。千百年来，一棵棵小草一直伴随着人类文明的发展。

本书以重庆林草人在工作中积累的素材为基础，从草字演化入手，对如何认识草、如何利用草、如何爱护草进行了一些有益的探索，提出了"草是地球的皮毛""保护草就是保护地球"等观点。本书图文并茂，重点介绍了重庆市主要草的生长环境和保护利用，是一部具有重庆辨识度的草科普读物。

最后，由于编者水平有限，书中难免出现疏漏之处，恳请广大读者，尤其是从事草资源研究的专家给予批评指正。

编　者

2024 年 9 月

目 录

护 草

识草

《思佳客·蒲公英》

左河水

冷落荒坡艳若霞，无花名分胜名花。

凡夫脚下庸杂贱，智士盘中色味佳。

飘若舞，絮如纱，秋来志趣向天涯。

献身喜作医人药，意外芳名遍万家。

　　人类文明的进化史，实际上就是一部人与自然关系的演变史。草作为自然生态系统的重要组成部分，广泛分布在世界各地，其种类之多、形态之盛、适应力之强，可谓植物界的翘楚。人与草的相互关系亦可追溯到人类诞生之初，源远流长，草为人类带来了光明与力量。草的驯化和栽培更是促进了世界人口的快速增加，并不断推动人类文明的持续演进，而汉字作为中华文明的象征和基石，其形态很多与植物有关，如草字头、竹字头、禾木旁、绞丝旁、米字旁等。草寄托着人类的某种情思，是人类复杂情感的象征，无数的传说、故事也因它而起。

　　重庆，作为我国西部地区唯一的直辖市，拥有多元复杂的地形地貌和得天独厚的立体气候，这里的草种类繁多，形态各异且无处不在，它们生生不息，守护着这片山清水秀之地。

第一章　草与人类文明

第一节　"草"字演变和文化变迁

一、"草"字的演变

在草文化中，"草"字的文化内涵及其演变是浓墨重彩的一部分。汉字中，"草"的演变大致上经历了甲骨文、金文、小篆、隶书到楷书的发展过程。

图 1-1　甲骨文"草"字

最早的"草"字出现在甲骨文中，其形好似两棵刚刚发芽的小草。这也是"草"的本义。作为人类文明中最早产生的象形文字之一，甲骨文中的"草"字形象而生动地表现了草的形态特征：中间的"｜"像草的躯干，深根土壤，迎头向上；上面的"丶""丿"似草的枝条、叶芽，灵动而充满生机；两棵小草的组合，既象征着"草"在自然界中种类繁多，又能展现出蓬勃向上的精神，充满了生命的力量。

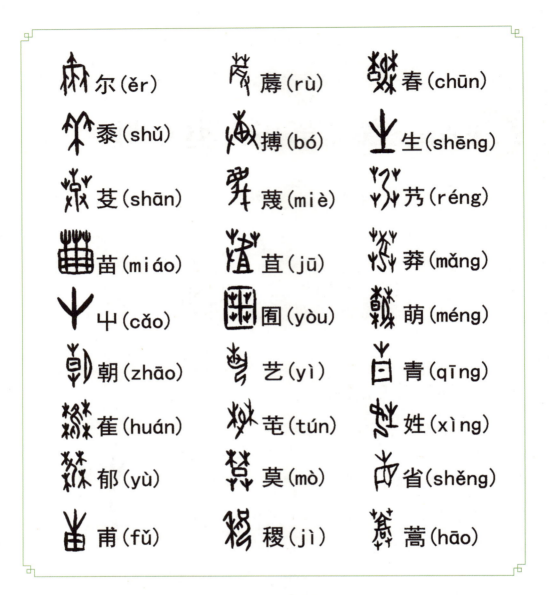

图 1-2　甲骨文中与草相关的字

　　商代晚期，社会、经济、政治、文化得到快速发展，其中祭祀活动成为当时政治文化社会活动的重要组成部分，金文作为祭祀活动的记录文字，应运而生。金文，最早因祭祀而被镌刻于青铜器之上，所以也被称为"钟鼎文"。商周时期，"铜"

被称为"金"，金文因此得名。金文中，草字既保留了甲骨文的特征，又有所变化。金文中，"草"中间是一个"早"字作为声旁，"早"的上下左右都是"屮"字形，这时的"草"

图1-3 金文"草"字

字已经具备了形声字的特点。之后的西周克鼎草字、秦代石鼓文草字都延续了这一写法。从变化中可以看到，金文中的"草"字被"屮"所围绕，说明随着生产力的发展和人类文明的进步，人类对于草的认知和运用也越来越广，需求越来越多。而"早"则暗示了草类植物生长迅速、充满生命力的特点。这种字形设计本身就展现了草类植物顽强、茂盛的生命力，以及其快速生长、适应力超强的特点。

秦统一六国后，推行小篆。小篆去除了大篆中的象形意味，更加符号化。同时，小篆的字形更加规整，结构更加紧凑，线条更加流畅。字形均匀整齐，线条匀净流畅，具有结构严谨、布局整齐、端庄秀美的特点。每个字的大小基

图1-4 小篆"草"字

本一致，给人以规整、统一的感觉。小篆在秦代和汉代初期被广泛使用，成为当时官方的标准字体。它是汉字书写的一次重大变革，标志着汉字书写由繁复向简约的转变。同时，小篆也是书法艺术的重要代表之一，其端庄秀美的艺术风格对我国书法艺术的发展产生了深远的影响。小篆中"草"字的形态、结构与金文相比，已经有了明显的变化。"屮"明显减少，整体放于上端。下面的"早"则变得更加规整、圆润，使书写起来更加流畅、美观。这也反映了汉字在演变过程中不断简化、规则化和美化的原则。"简化"是为了书写和记忆的便利性；"规则化"则是要注重文章的规整和规范，让每个字都呈现差不多的大小和形态，使

得书写和排版的整体更加和谐统一；"美化"则是在规则化的演变过程中不断探索出的更加高级的艺术效果，使得中国书法超脱文字本身而成为一种艺术形式。

图1-5　隶书"草"字

汉朝时期，隶书使汉字达到了历史的新高度。隶书，由小篆发展而来，但是又产生了巨大的变化。隶书的形成标志着象形体古文字的结束，笔画文字的开始。隶书中的"草"字继承了小篆的"草"的结构，并在字形上进一步简化。上端的"ΨΨ"部进一步演化为两个分开的"⌢"，将草的形象进行了抽象和简化。下部的"早"与小篆相比，更加简洁、舒展。"草"字整体更加有文字的美感。

图1-6　楷书"草"字

楷书，初创于汉代，成熟于魏晋，在唐代到达顶峰，并传承至宋、元、明、清，时至今日，仍是最通用的书写字体之一。楷书中的"草"字基本上继承了隶书的草字形，并进一步笔画化，笔画更加规范，结构更加严谨，字形更加方正。笔画清晰有力，横平竖直，转折处圆润自然。

二、带草字头的汉字

1.《说文解字》中的草

汉字中带"艹"的字非常多，古代"艹"写作"艸"（cǎo）。在汉代许慎所著《说文解字》中，"艸"多指植物，特别是草本植物及其植株部位或草类植物的制品。

除包含植物本身的意义外，"艸"字部的字也可作形容词，来表现草或者草类植物不同种类、不同阶段的生态特点或形象特征。

zhī 芝	fǔ 莆	yǒu 莠	rén 荏
kuí 葵	wēi 薇	yù 芋	qú 蘧
jú 菊	jīng 菁	píng 苹	wán 芄
xūn 薰	gān 苷	jī 芨	kǔ 苦
bèi 菩	máo 茅	jiān 菅	qí 蕲
guān 莞	pú 蒲	zhuī 萑	líng 苓
qiàn 茜	bāo 苞	ài 艾	yún 芸
qiàn 茨	jiā 茄	hé 荷	wèi 蔚
sháo 芍	gé 葛	màn 蔓	jiǎng 蒋
jùn 菌	yú 萸	zhū 茱	jīng 荆
máng 芒	mào 茂	ruì 芮	chá 茬
cuì 萃	kē 苛	miáo 苗	huāng 荒

图 1-7　《说文解字》中带 "艹" 字头的常用汉字

2.《康熙字典》中的草

　　《康熙字典》中，"艹"字部的字有 3 340 个，较《说文解字》有大幅度的增加，与现代的《新华字典》比较，也多出了 2 000 多字。

　　《康熙字典》中之所以有如此多的字，主要原因是《康熙字典》对于汉字的收录范围非常之广泛，不仅包括常见的字，还收录了许多生僻字、异体字、古体字等。如在《新华字典》中，"艹"字部收录笔画最多的字是 29 画的"虆"，20 画以上的字有 53 个。而《康熙字典》中，笔画最多的"艹"字部字是"蘭"，20 画以上的字就有 307 个。

3. 现代汉语中的草

　　随着汉语言的不断发展和完善，时至今日，《新华字典》中收录的"艹"字头的字有 979 个。文字也有了多维度的含义，汉语中"艹"字头的字由少积多，再由繁到简，虽然字变少了，但草的内涵却得到了极大的丰富。早期带"艹"字头的字仅仅代表了草本植物的基本概念。随着时间的推移，人们对草本植物的认识逐渐深入，"艹"字头的字开始承载更多的信息和内涵。

　　在这个过程中，带"艹"字头的字不断增加，每一个字都代表着不同的植物种类、生长状态以及精神内涵。这些字的出现，不仅丰富了汉语的表达，也反映出了人们对植物世界的认知在不断深化。

　　然而，汉字的发展并没有止步于此。随着书写的简化和规范化，带"艹"字头的字开始逐渐简化，形态上变得更加简洁明了。这种简化并没有导致信息丢失，反而使得汉字更加易于书写和传播。

　　因此，带"艹"字头的字的变化，不仅展示了汉语言的发展演变，更反映了人们对自然世界的认知历程和文化积淀。

三、外文"草"字

"草"字在不同的语言中都有相似的含义和用法，通常指低矮的植物或草地，同时也可以用来形容其他植物或物质。在不同的文化中，"草"也有不同的象征意义和文化内涵。

形态上看，许多外文的草字也有一定的"象形"意味，字形的排列组合就与现实中的草有着密切的联系。

1. 英语中的草

英语中主要有两个表示"草"的单词：grass 和 herb。

garss 通常指低矮、覆盖地面的植物，是自然界中一种常见的植物类型，也用来表示青草、草坪、草地等。

grass 源自原始日耳曼语 grasan，该词源于 ghros–"幼嫩芽，新芽"，以及词根 ghre–"生长，变绿"，因此与 grow 和 green 有关。

从字形上看，grass 与现实中的"草"也非常相似。

"g"：像小草在生根发芽；

"r"：如同草新发的嫩芽或叶片；

"a"：似草儿开出的一朵小花；

"s"：一个 s 就像一片草，ss 即许多草，表现出草的繁茂。

2. 蒙古语

传统蒙古文又称回鹘式蒙古文，回鹘式蒙古文的书写特色主要体现在其独特的竖式拼音结构，每个字母都具象形特征，书写时讲究字尾处理的统一性，整体形态细长、清秀、利落，展现出蒙古族潇洒、灵动的文化精神。

蒙古文草字写作 ᠡᠪᠡᠰᠦ ，形似一棵枝叶蜷曲、生长茂盛的小草。同时，竖式结构也更能体现"草"向上的生命力。

3. 阿拉伯语中的草

阿拉伯语中，名词草写作 عُشْب ，读作 oushb，由它的动词 عَشِب（长草），演变而来，表示青草、绿草的意思。

在阿拉伯语中表达草的词汇有多种，如"草丛"（أدغال）、草药（طبية أعشاب）。在阿拉伯文化中，"草"通常被视为一种平凡而实用的植物，有时也被用来象征荒凉或干旱等。

4. 希伯来语（以色列）中的草

希伯来语中，עשב 用来表示草、草本、草药，意义和用法和英语中的 herb 类似。其读音为 esev/isav/。

从字形上看，עשב 的三个字母本身就跟"草"的姿态非常类似。

ב：好似随风摇曳的草；

ש：又像茂盛生长的草；

ע：如同初露新芽的草。

从这个角度看，希伯来文字也同中国的甲骨文一样，通过形象来表现字的特点并逐步衍生出更多的内涵。

第二节　　草的语义分析和文化内涵

　　草在文学作品中的应用以及它的多元文化内涵，可以说源远流长，丰富多彩。

　　草在文学作品中的应用广泛且深入。在古诗中，草常常被用来描绘春天的到来，如白居易的《赋得古原草送别》："离离原上草，一岁一枯荣。野火烧不尽，春风吹又生。"这两句诗不仅描绘了草顽强的生命力，也表现了春草茂盛、蓬勃生长的场景。同时，草也被用来表达对家乡和亲人的思念，如韩愈在诗中用"草色遥看近却无"来表达对远方家乡的深深眷恋。这种用草来表达情感的手法，既体现了诗人对生活的细致观察，也体现了诗人对情感的深刻体验。

　　草的文化内涵也十分丰富。草不仅代表了生命力，也代表了人们对美好生活的向往和追求。"草"时而坚韧，时而柔弱；时而伟大，时而渺小；时而欢乐，时而悲伤……这些文化内涵的形成，既与人们的生活紧密联系，又与他们的情感体验和审美取向息息相关。

一、古诗文中的草

1. 生生不息的草

赋得古原草送别

唐·白居易

离离原上草，一岁一枯荣。

野火烧不尽，春风吹又生。

远芳侵古道，晴翠接荒城。

又送王孙去，萋萋满别情。

"离离原上草，一岁一枯荣"，草虽然生命短暂，但能在生命流转中生生不息，表现了草顽强的生命力，也隐喻着人生的起伏和变迁。草的枯荣象征着生命的消逝和新生。

图 1-8　生生不息的草

通过对草的描绘，全诗展现了草顽强的生命力和深沉的离别之情，也体现了诗人白居易对生活的深刻理解和体验，以及对自然和生命的敬畏，是传诵千古的名句。

2. 壮阔生动的草

敕勒歌
北朝乐府

敕勒川，阴山下，

天似穹庐，笼盖四野。

天苍苍，野茫茫，

风吹草低见牛羊。

草作为草原的主要植被，其广泛分布和连绵不绝的特性为"天苍苍，野茫茫"奠定了基础；风的力量使得草低伏，从而露出了隐藏的牛羊，这种草与风的互动，以及草与牛羊之间的依存关系，使得草原不再是一个静态的画面，而是一个充满活力和生命力的生态系统。这里的"草"不再是单独的植物，而是与无垠的天空和广袤的大地一同构成了一片宏伟壮丽的草原胜景。

3. 挺拔有力的草

赐萧瑀
唐·李世民

疾风知劲草，板荡识诚臣。

勇夫安识义，智者必怀仁。

劲草常被用来形容那些在困境中依然坚韧不拔的人。它不仅仅是一种植物的描绘，更是一种精神的象征。正如疾风中的劲草，那些能够在风雨中保持坚定立场的人，往往也能够在生活中克服重重困难，展现出令人敬佩的勇气和毅力。

4. 春意盎然的草

村　居
清·高鼎
草长莺飞二月天，拂堤杨柳醉春烟。
儿童散学归来早，忙趁东风放纸鸢。

　　春回大地，万物复苏，小草破土而出，展示出勃勃生机，表现出草具有强大的生命力和生长力，形象生动地勾勒出春天的蓬勃景象。"草"作为自然界中的一部分，其生命力得到了充分的体现。

图 1-9　春意盎然的草

5. 牵肠挂肚的草

游子吟
唐·孟郊

慈母手中线，游子身上衣。

临行密密缝，意恐迟迟归。

谁言寸草心，报得三春晖。

"寸草"即小草，用来比喻子女，通过小草的微小，突出母爱的无私与伟大。草虽然微小，却具有强大的生命力，生生不息，绵延不绝。"寸草心"同时也表达了子女对母爱深深的感激和无尽的思念。

在自然界中默默生长的草，无声无息，滋养大地，如同母爱的伟大与无私，令人感到无尽的温暖和感动。

6. 深情款款的草

忆秦娥·别情
宋·万俟咏

千里草。萋萋尽处遥山小。遥山小。行人远似，此山多少。

天若有情天亦老。此情说便说不了。说不了。一声唤起，又惊春晓。

千里草，指草原上的草，茫茫一片，看不到尽头——如同诗人的思念与忧愁一样无边无尽。春草的无边无际和茂盛，象征了主人公的无限思念和热烈深厚的情感。《楚辞·招隐士》中有"王孙游兮不归，春草生兮萋萋"，后人便以春草作为思念的寄托。词中的这片春草不仅代表了生机勃勃的春天，更寄托了秦娥对远方情人的深深思念和期待。这里的春草不仅仅是自然景物，更是深情的载体。

二、与草相关的成语、谚语、歇后语

1. 成语

　　成语中的"草"展现出草的顽强生命力、平凡、谦虚低调以及短暂脆弱等多个方面的特性和内涵。这些特性和内涵不仅丰富了成语的表达方式，也为人们提供了深入理解和欣赏中华文化的视角。

寸草不生	寸草春晖	闲花野草	视如草芥
霜行草宿	铜驼草莽	天造草昧	风吹草动
风行草从	风行草靡	风行草偃	风向草偃
人非草木	如弃草芥	三顾草庐	寸草衔结
打草惊蛇	芳草鲜美	丰草长林	横草之功
莺飞草长	鞠为茂草	枯蓬断草	屯粮积草
魏颗结草	闲花野草	藉草枕块	结草衔环
结草之固	潦草塞责	落草为寇	蔓草难除
秋草人情	草木愚夫	惹草沾风	惹草沾花
斩草除根	衰草寒烟	万草千花	香草美人
萱草忘忧	瑶草琪花	风烛草露	浮沉草野
招花惹草	黄冠草服	黄冠草履	灰头草面

粮多草广	潦潦草草	闾巷草野	茅封草长
茅屋草舍	餐风宿草	春晖寸草	出山小草
草草了事	草草率率	草草收兵	草船借箭
草木皆兵	承星履草	丁真楷草	丁真永草
饭糗茹草	肤皮潦草	浮皮潦草	恨如芳草
化若偃草	荒烟蔓草	黄云白草	草草不恭
草木俱朽	草木荣枯	草木同腐	草木萧疏
草率行事	疾风劲草	锦花绣草	沾花惹草
剪虏若草	救命稻草	惊蛇入草	囹圄生草
疾风劲草	迷花沾草	美人香草	奇花异草
琪花瑶草	墙花路草	寝苫枕草	杀人如草
三真六草	十步芳草	十步香草	簟蒿席草
长林丰草	草木知威	草率从事	斩草除根
展草垂缰	芝草无根	草创未就	草腹菜肠
草木黄落	草间求活	草莽英雄	草茅之产
草靡风行	草率了事	草率收兵	草蛇灰线
草头天子	草薙禽狝	草行露宿	草偃风从
草衣木食	草泽英雄	草长莺飞	白草黄云
百草权舆	碧草舅茵	碧草如茵	拨草寻蛇
拨草瞻风	寸草不留	绿草如茵	蔓草荒烟
瑶草琪葩	野草闲花	一草一木	倚草附木
八公草木	不弃草昧	风兵草甲	风驰草靡

2. 歇后语

歇后语是一种源自日常生活的独特语言艺术，它体现了中华民族独有的智慧和幽默。这种丰富的语言形式，饱含了浓烈的生活韵味和独特的民族风采，深受大众喜爱。

半天云里长满草——破天荒

大路旁的小草——有你不多，没你不少

草帽当锅盖——乱扣帽子

草地上的蘑菇——单根独苗

草原上放牧——漫无边际

挨了霜的狗尾巴草——蔫了

春草闹堂——急中生智

灯草当秤砣——没分量

草坪里丢针——没处寻

草上的露水——难长久

草绳子拔河——经不住拉

打草人拜石像——欺软怕硬

草人的胸腔——无心

城墙上的草——风吹两边倒

草窝里扒出个状元郎——埋没人才

草帽烂边——顶好

草原上的百灵鸟——嘴巧

草原上的天气——变化多端

大草原上吹喇叭——想（响）得宽

草帽破了顶——露头

柴草人救火——自身难保

长添灯草满添油——早作准备

草地上捉鸭子——干扑

草帽子端水——一场空

草把子作灯——粗心

大风吹翻麦草垛——乱七八糟

吃根灯草——说话轻

大海里行船，草原上放牧——不着边

大力士耍灯草——轻而易举

牛吃稻草鸭吃谷——受苦的受苦，享福的享福

草屋上装机——勿配

呆鸡钻草垛——顾头不顾尾

节节草捆西瓜——难缠

湿草打火把——一亮即灭

灯草当拐杖——做不了主

冬天的狼毒草——叶枯毒还在

拔草引蛇——自讨苦吃；自找苦吃

吃了黄连吃甘草——先苦后甜

草上露水瓦上霜——见不得阳光

春天的草芽——自发

百里草原安家——孤孤单单

布袋里塞稻秆——草包

水打灯草——留心

灯草桅秆——靠不住

拔草引蝇——自找苦吃

草帽当锣打——响（想）不起来

草房上安兽头——配不上

草堆里蹦出个兔子——你也算个保镖

草包竖大汉——能吃不能干

披着西装穿草鞋——土洋结合

大力士耍灯草；水牛背上挂树叶——轻而易举

稻草人点火——惹火烧身

阴天戴草帽；雨天浇地——多此一举

3. 谚语

　　谚语，这种深植民间的语言艺术，以其简洁而富有深意的表达，展现了社会生活的丰富经验和民众的智慧之光。通过世代相传，这些言简意赅的艺术语句已经成为各民族的文化结晶。它们不仅活跃在我们的日常口语中，增强了语言的生动性和趣味性，更在外国文化中占有一席之地。从社会生活到人生哲理，谚语反映的内容广泛而深刻，是人们理解社会、洞察人心的有力工具。通过它们，人们可以更加深刻地理解人类社会的多样性和复杂性。

🖋 **中文谚语：** 兔子不吃窝边草。

🖋 **英语谚语：** Eggplant does not open false flowers, real people do not tell lies.（茄子不开虚花，真人不说假话。）

🖋 **韩语谚语：** 뿌리 깊은 풀은 바람에 흔들리지 않는다（根深的草不会被风吹动。）

🖋 **阿拉伯谚语：** البستان كله كرفس（院子里全是芹菜，一般指园子的主人非常勤奋努力，一定会有好收成。）

🖋 **西班牙谚语：** No todo el monte es orégano ni todo el valle es barro.（并非所有山头都长牛至，也不是所有谷底都是泥土。）

🖋 **法国谚语：** A blé jaune, moisson proche.（麦黄近丰收。）

🖋 **俄罗斯谚语：** Семена растают под снегом.（种子在雪下发芽。）

第三节　有关草的神话传说

草伴随着人类文明的发展，在全世界各种文化体系中也承载着多样的象征意义：在中国文化中，草象征着生命力、坚韧不拔的精神；在西方文化中，草则代表着自由、纯真的情感。草作为自然界中的一员，与人类生活紧密相连，成为文化传承的重要载体。草还在某种程度上代表了一种精神寄托。古今中外，草不仅是一种生物，也是一种精神的象征。它以其顽强的生命力、广泛的分布、多变的形态，成为人们各种情绪的寄托和象征。

一、神龙尝百草

《史记·补三皇本纪》记载："神农氏……始尝百草，始有医药。"

神农氏，乃五氏之一，诞生在烈山的神秘石洞之中。传闻他身体晶莹透亮，头顶双角，是牛头人身的奇异形象。这样的外形与他的勤劳英勇相得益彰，长大后，他自然而然地被推举为部落的首领。他的部落位于炽热的南方，被称为炎族，因此他被尊称为炎帝。

神农氏看到人们因疾病而痛苦时，为了更好地帮助百姓用草药治疗疾病，神农氏便决定离开部落，访遍名山大川，遍尝天下草木。

善良的神鸟将神农氏欲尝百草的事告诉了天帝，天帝对他以身试药的决心大加赞许，他请神鸟带给神农氏一根赭鞭，这根鞭子吸收天地精华，能甄别植物的性能。

赭鞭一旦打过，植物有毒没毒，性热性寒都会自然呈现。

神农氏得到神鞭后，就慢慢帮助大家弄清楚了植物的性质，避免人们吃到有毒的东西。然而，神农氏的宏伟目标可不只是区分植物的属性，他想弄清所有草药的药性，而有些草药虽然有毒，但却能治疗一些特殊的疾病。

他很想找到可以治疗不同疾病的不同草药。这样，赭鞭就派不上用处了，他只能自己尝试每一种草药。

固执的神农氏以身试药，积累了很多药理经验。每次中毒，他都能对症找到解毒的药物。

可是有一天，神农氏不慎吃下了没有解药的断肠草后，中毒死去了。

神农氏死后，神鸟将他的灵魂带回天界。天帝感念他的伟大功德，赐予他南方天帝的神职，掌管谷物丰登的秋天，并被后世尊为中国农业之神。

图 1-10　端午节挂菖蒲

二、菖蒲剑与吕洞宾的传说

关于端午节挂菖蒲的习俗，民间流传着这样一则传说故事。

相传吕洞宾携剑云游，行至钱塘，见江中有一癞头鼋精，常在春秋两季发洪水，使得人间疫病横行，端午时邪气更盛。他心生悲悯，欲救苍生。见水中菖蒲翠绿，形似利剑，他灵机一动，以仙法将菖蒲化为菖蒲剑与之斗法，最终获胜。

吕洞宾遍撒菖蒲剑于人间，悬于百姓家门。这些菖蒲剑在其仙力加持下，光芒闪耀，剑指之处，邪祟皆惧。瘟邪疫鬼被菖蒲剑的神威所制，纷纷逃窜。百姓得保平安，疫病渐消。

时至今日，重庆民间还有每逢端午节在大门上悬挂菖蒲的习俗，效仿吕洞宾以菖蒲剑驱邪避灾之举。此俗世代流传，菖蒲剑也成为端午驱邪除疫的重要象征，寄托着人们对健康安宁生活的向往与对吕洞宾护佑之恩的铭记。

三、蒲公英的传说

关于蒲公英名称的由来，民间有着一段美丽的传说。

很久之前，在一户殷实的家庭中住着一对年迈的夫妇和他们美丽且知书达理的女儿。这位小姐的生活被严格地限制在绣楼之内，与外界隔绝。某天，她突然感到一侧乳房胀痛难耐，内心的恐惧与羞耻让她不敢向外求助。随着时间的推移，疼痛愈发剧烈，小姐只能在无人之时默默流泪。

丫环察觉到了小姐的异常，终于得知了她的痛苦。出于关心，她偷偷地告诉了老夫人。然而，老夫人却愤怒地认为是小姐做出了败坏家风的不检点之事，冲动地上楼对她大声斥责。由于无法忍受这样的冤枉和误解，小姐选择了在一个月黑风高的夜

图 1-11　蒲公英

晚，打开窗户，跳入了河中。

巧合的是，河上有一条渔船，船上有一对以打鱼为生的父女。这日，他们捕鱼归来时，发现水上漂浮着一个身着华美服饰的女子。他们急忙将其救起，仔细一看，原来是位病弱的小姐。渔姑在替小姐更换湿衣时，她醒了过来。通过交谈，渔姑得知小姐患的是奶疸。她回想起母亲生前也曾患过此病，并且是用一种野草治愈的。于是，小姐在渔民家暂住，渔姑每天上山采摘这种药草，煎水给小姐服用。不久，小姐的病情逐渐好转。后来，小姐的父亲得知此事后，将她接回了家。他还将剩余的野草栽种在自家的花园里，并以渔夫的姓氏"蒲"和渔姑的名字"公英"为这种野草命名为"蒲公英"，以此铭记渔家父女的救命之恩。

四、车前草助霍去病扭转战局

据说，车前草的发现及推广与西汉名将霍去病有着紧密的联系。

图1-12 车前草

相传，西汉名将霍去病在与匈奴军队的一次战斗中陷入了孤立无援的境地。当时正是夏季，天气酷热无比，食物和水的供应都十分紧张，许多战士开始患病，他们的主要症状包括排尿困难、尿液颜色赤红并伴有疼痛，同时脸部肿胀。面临如此严峻的情况，霍将军焦虑万分。

正当霍将军一筹莫展之时，军队里的马夫却发现所有的战马都没有任何生病的迹象，个个精神饱满。通过观察发现，这些战马常吃战车前方的一种野草。于是霍将军立刻下令将这种野草熬制成汤剂饮用。令人惊奇的是，服用了这种野草汤的士兵不久就痊愈了。随后，他们士气大振，继续英勇抗击匈奴，最终取得了战斗的胜利。

　　由于这株植物是在战车前方找到并有奇特的治疗效果，还为战斗的胜利迎来了转机，霍将军便将其称为"车前草"，以表达他的感激与敬意。从此，车前草因其独特的药用价值而广为人知，成为中医药学中一味宝贵的药材。

第四节　草的物质利用

　　人类与草的接触可以追溯到人类诞生之初。原始人类在狩猎、采集、生活的过程中，发现草本植物具有食用、药用等价值，逐渐将其纳入日常生活。人类在不断尝试和实践中，草类植物在人类生活中扮演越来越多的角色：许多草本植物具有食用价值，如稻米、小麦、玉米等，是人类主食的重要来源；草类药物具有丰富的药用价值，如黄连、连翘、石斛等中草药都来源于草本植物；此外，草还为人类提供了纤维、染料、燃料等生产生活必需品；草在房屋建筑中起到关键作用；在造纸工艺中是重要的材料……

一、食用

　　草类禾本科植物，如大家熟知的五谷，是中国古代主要的粮食作物。"五谷"一般指稻、黍、稷、麦、菽。五谷作为主要的农作物，具有丰富的营养价值，为人们提供了基本的食物来源。这些作物的种植和收获，确保了古代人们能够获得稳定的食物供应，支持了人口的增长和农耕文明的发展。"食草"的栽培与种植还代表着农耕文明的智慧和技术。古人通过长期的实践和观察，积累了丰富的农耕知识和经验，如选种、耕作、灌溉、施肥等。这些技术和知识在种植和收获中得到了充分体现，为古代农耕文明的发展提供了坚实的基础。

　　此外，五谷在古代农耕文化中扮演着重要的角色。五谷的生长季节和农作物的收获期成为古人的重大节日，如惊蛰、谷雨、小满等。某些节气的庆典不仅加强了社会的凝聚力，也促进了农耕文明的传承和发展，使得"食草"在古代社会中具有了神圣的象征意义。

二、饲用

　　草是草原生态系统的基础，草原上的各种植物，特别是草本植物，是草原动物的主要食物来源。这些动物不仅为草原居民提供了肉、皮、毛等生活必需品，还是他们进行狩猎、游牧等生产的基础。

　　草也是保持水土、防风固沙的重要天然屏障。茂盛的草原植被可以减少降水对土壤的冲刷，防止水土流失。同时，草的根系可以固定土壤，防止风沙的侵蚀，有助于维护草原的生态平衡。

图 1-13　重庆千野草场

在文化层面，草原上的游牧民族在长期的生产生活中，形成了与草息息相关的文化习俗和信仰。游牧民族对草资源的保护甚是关心，对草的品质、草的长势、周边的水资源等具有敏锐的洞察力。有经验的牧民在骑行途中，用鼻子一嗅就能分辨周围草场的土质和草的种类。草不仅是他们生活的物质基础，更是他们精神的寄托和文化的象征，承载着丰富的草原文明和历史记忆。

三、药用

草药学的发展可以追溯到远古时代，古代的草学家们通过对草本植物的形态、结构、生态等方面的研究，逐渐了解草本植物的生长、繁殖和生态适应等特征。从《神农本草经》到《本草纲目》，这些著作不仅详细记录了药物的名称、特性、功效、用法，还详述了药物的产地、形态、采集、炮制等，为草药学的发展奠定了坚实的基础，也为现代药物学和现代医学提供了丰富的资源。

巴渝地区，历史悠久，草药资源丰富。自古以来，当地民众便充分利用丰富的自然草药资源，以应对日常生活中的疾病和不适。从古代药典的记载到民间传承的秘方，巴渝地区的草药利用历史源远流长。蒲公英、车前草、野薄荷、夏枯草、艾草、青蒿、黄连等草药在巴渝地区家喻户晓，其独特的药效和用法代代相传。这些草药不仅用于治疗常见疾病，还用于保健和养生，体现了巴渝人民对自然和生命的敬畏与珍视。

1.野薄荷

野薄荷有散风热、逐秽气、解鱼虾毒的作用。巴渝地区常用作烹饪鱼鲜的配菜。同时巴渝地区的人们也在夏季或秋季收集野薄荷的茎叶，晒干后用于泡水喝，有助于降低感冒和扁桃体炎的发生概率。

2. 夏枯草

夏枯草具有清肝明目，抗菌消炎，利尿消肿等功效。在巴渝地区，人们在夏季常用夏枯草与野菊花一同泡水，代茶饮用，可清火散瘀，平肝疏风，清利头目。

3. 艾草

艾草具有驱邪除病、温经止血、抗菌消炎等功效。在端午时节，巴渝地区的人们将艾草或挂于门外或熬水洗澡，以达到驱蚊避虫、预防疾病的目的。同时，艾叶水有驱寒止血的作用，用艾叶熬制的"陈艾水"，是一道辅助治疗风寒感冒的良药，在巴渝地区更是家喻户晓，应用广泛。

四、草与科学技术的发展

草在古代科技发展中扮演着重要的角色，其在多个领域都有贡献和应用。

1. 结草记事

结草记事，是一种古老的记事方式。在远古时期，文字尚未出现，人们为了记录生活中的重要事件、交流信息和传承文化，便以自然界的草为材料，通过打结、编织等手法来传达特定的信息。在中国历史和文化中，结草记事不仅是先民智慧的结晶，更是一种独特的信息传递和文化传承方式。

图 1-14　结绳记事

2. 草编工艺

巴渝地区的草编工艺起源于古代农耕社会。在农耕时期，人们为了生活需要，就地取材，运用随处可见的草类植物编织成各类物品，如草鞋、草帽、草席等。这种简单而实用的编织技艺逐渐在巴渝地区流传开来，并形成了独特的风格和特点。早期草编工艺以实用为主，但随着社会的发展和人们审美水平的提高，草编工艺逐渐融入了更多的艺术元素，变得更加精美和富有观赏性。

随着历史的发展，巴渝草编工艺经历了从简单到复杂、从粗放到精细的演变过程。同时，草编工艺也开始与其他工艺相互融合，如刺绣、绘画等，使得草编制品更加丰富多彩。

图 1-15 巴渝草编

图 1-16 草编工艺——草鞋

3. 草盖房

在古代，由于经济条件和技术的限制，人们只能就地取材，利用当地的自然资源建造房屋。在巴渝地区，丰富的草类资源为草盖房的建造提供了可能。草盖房不仅具有遮风挡雨的功能，还因其独特的造型和材质，成为当地的一种文化符号。

巴渝地区的草盖房，在材料上主要采用当地的草类植物，如稻草、麦秆等，这些材料不仅成本低廉，还具有良好的隔热、隔音性能。草盖房的建造需要经过多道工序，包括选材、编织、铺设等，每一步都需要精湛的手艺和耐心。草盖房与当地自然环境和其他建筑风格之间存在着紧密的关联。其独特的造型和材质与当地的山水环境相得益彰，形成了独特的风景线。同时，草盖房也与其他建筑风格相互影响，共同构成了巴渝地区丰富多彩的建筑文化。

第二章　重庆草资源的概况

第一节　重庆草资源基本情况

重庆市位于中国西南部，北有大巴山，东有巫山，东南有武陵山，南有大娄山，地域辽阔，地形复杂，最低海拔 73.1 m，最高海拔 2 796.8 m，立体气候差异明显，这些独特的地理环境使重庆蕴藏了极其丰富的植物资源。丰富的植物资源在重庆市的生态系统中起着至关重要的作用，维护着当地的生物多样性和生态平衡，在保持土壤稳定、水源涵养、气候调节等方面发挥着重要作用。

重庆常见植物囊括乔木、灌木、草本及藤本等各种类型。乔木、灌木和草本是重庆植物资源的主要组成。草本植物的种类繁多，生命力顽强，常生长于道路旁边、屋舍附近、田埂边、荒地、弃耕地、山坡灌丛等。饲草类草本植被繁殖能力强，为牲畜提供了丰富的饲料，是重庆市畜牧业发展的重要基础。药用类草本植被中含有丰富的草药资源，对中草药产业的发展有着积极作用。

根据重庆市第三次全国国土调查成果显示，重庆市现有草地资源总面积约 2.36 万公顷。按 2021 年草地基况监测结果，主城范围内草地面积为 0.68 万公顷，占全市草地面积的 28.66%；渝东北地区草地面积为 1.17

万公顷，占全市草地面积的 49.43%；渝东南地区草地面积为 0.52 万公顷，占全市草地面积的 21.91%。

全市共有热性草丛类、热性灌草丛类、暖性草丛类、暖性灌草丛类、山地草甸类和低地草甸类 6 种草地类型。全市热性灌草丛类草地面积最大，为 1.36 万公顷；其次为山地草甸类，为 0.54 万公顷。

根据 2021 年重庆市草地基况监测结果显示，全市平均草地综合植被覆盖度为 84.20%，各区县草地综合植被覆盖度为 76%~91%。全市鲜草产量约为 16.35 万吨，干草产量约为 4.81 万吨，干鲜比为 1∶3.4。

第二节　重庆的主要草

一、菊科

1. 蒲公英

学名：*Taraxacum mongolicum* Hand.–Mazz.

别名：黄花地丁、婆婆丁、灯笼草、地丁

菊科　蒲公英属　多年生草本

识别特征：根圆锥状，表面棕褐色，皱缩，叶倒卵状披针形、倒披针形或长圆状披针形，长 4~20 cm，宽 1~5 cm，先端钝或急尖，边缘有

图 2-1　蒲公英

图 2-2　晒干后的蒲公英

时具波状齿或羽状深裂，顶端裂片较大，三角形或三角状戟形，全缘或具齿，每侧裂片 3~5 片，裂片三角形或三角状披针形，通常具齿，平展或倒向，裂片间常夹生小齿，基部渐狭成叶柄，叶柄及主脉常带红紫色，疏被蛛丝状白色柔毛或几无毛。花葶上部紫红色，密被蛛丝状白色长柔毛；头状花序，总苞钟状，瘦果暗褐色，长冠毛白色，花果期为 4—10 月。

生长习性：广泛生于中、低海拔地区的山坡草地、路边、田野、河滩。对环境的适应性较高，一般条件均可正常生长，但阳光充足，温度、水分适宜的盐碱地带更有利于其生长。

地理分布：大巴山山脉、七曜山山脉、巫山山脉、华蓥山山脉、明月山山脉、武陵山山脉。

2. 青蒿

学名：*Artemisia caruifolia* Buch.-Ham.ex Roxb.

别名：草蒿、廪蒿、茵陈蒿、邪蒿、香蒿、苹蒿

菊科　蒿属　一年生草本

识别特征：主根单一，垂直，侧根少。茎单生，高 30~150 cm，上部多分枝，下部稍木质化，纤细，无毛。叶两面青绿色或淡绿色，无毛；基生叶与茎下部叶三回羽状分裂，有长叶柄，花期叶凋谢；中部叶长圆形、长圆状卵形或椭圆形，长 5~15 cm，宽 2~5.5 cm；花序托球形；花淡黄色；雌花 10~20 朵，花冠狭管状，檐部具 2 裂齿，花柱伸出花冠管外；两性

图 2-3　青蒿

花 30~40 朵，孕育或中间若干朵不孕育，花冠管状，花药线形，花柱与花冠等长或略长于花冠。瘦果长圆形至椭圆形。花果期为 6—9 月。

生长习性：生境适应性强，生长在路旁、荒地、山坡、林缘等处；也见于盐渍化的土壤上，在局部地区可成为植物群落的优势种或主要伴生种。

地理分布：大巴山山脉、七曜山山脉、巫山山脉、明月山山脉、武陵山山脉、华蓥山山脉。

3. 艾

学名：*Artemisia argyi* H. Lév. & Vaniot

别名：金边艾、艾蒿、祈艾、医草、灸草、端阳蒿

菊科　蒿属　多年生草本

识别特征：植株有浓烈香气，主根明显，略粗，直径达 1.5 cm，侧根多；常有横卧地下的根状茎及营养枝。茎单生或有少数短分枝，高 80~150 cm，有明显纵棱，褐色或灰黄褐色，基部稍木质化，上部草质，并有少数短的分枝，枝长 3~5 cm；茎、枝均被灰色蛛丝状柔毛。叶厚纸质，上

图 2-4 艾

面被灰白色短柔毛，并有白色腺点与小凹点，背面密被灰白色蛛丝状密绒毛；瘦果长卵形或长圆形。花果期为 9—10 月。

生长习性：生于海拔 500~1 000 m 的荒地、路旁、河边及山坡等地，也见于森林及草原地区，在局部地区为植物群落的优势种。艾的适生性强，喜阳光、耐干旱、较耐寒，对土壤条件要求不高，但以阳光充足、土层深厚、土壤通透性好、有机质丰富的中性土壤为佳，在肥沃、松润、排水良好的沙壤及黏壤土中生长良好。

地理分布：大巴山山脉、七曜山山脉、巫山山脉。

二、毛茛科

黄连

学名：*Coptis chinensis* Franch.

图 2-5　黄连

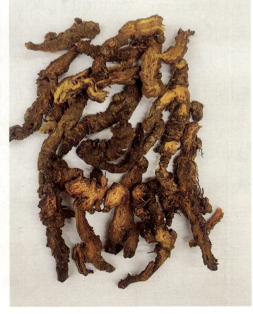

图 2-6　黄连药用部分

别名：云连、雅连、川连、味连、鸡爪连

毛茛科　黄连属　多年生草本

识别特征：根状茎黄色，常分枝，密生多数须根。叶有长柄；叶片稍带革质，卵状三角形，宽达 10 cm，叶片全裂为三片，中央全裂片卵状菱形，长 3~8 cm，宽 2~4 cm，顶端急尖，具长 0.8~1.8 cm 的细柄，3 或 5 对羽状深裂，边缘生具细刺尖的锐锯齿；侧全裂片具长 1.5~5 mm 的柄，斜卵形，比中央全裂片短，两面的叶脉隆起，除表面沿脉被短柔毛外，其余无毛；叶柄长 5~12 cm，无毛。花瓣线形或线状披针形，花药长约 1 mm，花丝长 2~5 mm；心皮 8~12 枚；花柱微外弯。蓇葖长 6~8 mm，柄约与之等长；种子 7~8 粒，长椭圆形，长约 2 mm，宽约 0.8 mm，褐色。2—3 月开花，4—6 月结果。

生长习性：黄连喜冷凉、湿润、阴蔽，忌高温、干旱。一般分布在海拔 500~2 000 m 的山地林中或山谷阴处，野生或栽培。不能经受强烈的阳光，喜弱光，因此需要遮阴。根浅，分布于 5~ 10 cm 的土层，适宜表土疏松肥沃、有丰富的腐殖质、土层深厚的土壤。

地理分布：大巴山山脉、武陵山山脉、七曜山山脉。

《本草纲目》里有关于黄连治眼疾的故事。

从前，有一个叫崔承元的人，他是执掌刑律的官员，为一个被判死刑的囚犯平了反，给他留了一条活命。后来，这个人病故。崔承元晚年患眼疾，内生障翳，双目失明一年余。有天半夜里，崔承元独坐在卧室，忽然听到屋外台阶上有细小的摩擦声，便问道："是谁？"有人应道："我就是你当年救下的那个死囚，特来报恩。"说明来意后，那人就把一个药方告诉了崔承元，即用黄连末一两，小羊肝一具，去掉表层膜，一起捣烂和丸，如梧桐子般大，每次饭后以暖浆水吞服四十丸。崔承元按方配药服下，几个月后双眼就恢复了视力，重见光明。这个方子便传了下来，后来收载于刘禹锡的《传信方》中。

民间还流传着很多黄连治疗眼疾的故事和传说。如今，黄连仍然是治疗眼疾的良药，现代以黄连为主的中成药中就有治疗眼疾的黄连羊肝丸、明目上清丸、珍珠八宝眼药、小儿明目丸以及麝珠明目滴眼液等，疗效显著。

三、天门冬科

1. 黄精

学名：*Polygonatum sibiricum* Delar.ex Redoute

别名：鸡爪参、老虎姜、爪子参、笔管菜、黄鸡菜、鸡头　黄精

天门冬科　黄精属　多年生草本

识别特征：根状茎圆柱状，由于结节膨大，因此"节间"一头粗、一头细，在粗的一头有短分枝（《中药志》称这种根状茎类型所制成的

图 2-7　黄精

图 2-8　黄精根状茎

药材为鸡头黄精），直径 1~2 cm。茎高 50~90 cm，或可达 1 m 以上，有时呈攀缘状。叶轮生，每轮 4~6 枚，条状披针形，长 8~15 cm，宽 6~16 mm，先端拳卷或弯曲成钩。花序通常具 2~4 朵花，似成伞形状，总花梗长 1~2 cm，花梗长 4~10 mm，俯垂；苞片位于花梗基部，膜质，钻形或条状披针形，长 3~5 mm，具 1 脉；花被乳白色至淡黄色，全长 9~12 mm。浆果直径 7~10 mm，黑色，具 4~7 颗种子。花期为 5—6 月，果期为 8—9 月。

　　生长习性：生长在林下、灌丛或山坡阴处，海拔 800~2 800 m。

　　位置分布：明月山山脉、大娄山山脉、武陵山山脉、七曜山山脉、巫山山脉。

　　《本草纲目》里有关于黄精"久服轻身，延年不饥"的故事。

　　临川一富户人家的婢女，因不堪忍受主人的虐待，逃入深山之中。她又饿又累，久久坐在山溪边，发现身边有一株野草，枝叶嫩绿可爱，即拔起在水里洗净泥土，然后连根带叶吃完了，她觉得味道很美，于是又拔了许多这种草，饱餐了一顿。后来，她在山中就以此草充饥，过了一段时间，渐渐觉得自己的身体变得敏捷健壮了。

　　她每晚在一棵大树下歇息，有一天夜晚，睡梦中忽然听到有野兽在草林中走动，她以为是老虎，很害怕，便想上树躲避。正想着，身体不觉已靠在大树梢上了。等到拂晓想着应该从树上爬下来，忽然身体轻飘飘落地了。就这样，她想到哪里，身体便飘然而去，往来自如，像飞鸟一样从这一山顶飘到另一山顶。几年以后，这富户人家的一个仆人进山砍柴发现了她，便回去禀报了主人。主人立即派人捕捉，可是无法捉到。有一天遇到她在一绝壁下，便张网从三面围捕，她一跃而腾空登上崖顶。主人更加害怕，决心非要捕到她。有人说："这个奴婢难道长了仙骨？不过是吃了什么灵药罢了！"于是，主人便叫人办好美味酒菜，放在她经常过往的路上引诱。这奴婢闻到人间饭食香味，果然来了，将好饭好菜吃个精光。如此数日以后，她不能再像以前那样轻捷腾飞了，便被主人捉到。经审问，她讲了原委，将自己每天所食的野草指给主人看，这草即是黄精。

这个故事很神奇，虽然夸大了黄精的作用——"久服轻身，延年不饥"，但是，黄精确实是一味具有较好补气养阴作用的补益药。

2. 麦冬

学名：*Ophiopogon japonicus*（L. f.）Ker Gawl.

别名：金边阔叶麦冬、沿阶草、麦门冬、矮麦冬、狭叶麦冬、小麦冬

天门冬科　沿阶草属　多年生草本

识别特征：根较粗，中间或近末端常膨大成椭圆形或纺锤形的小块根；小块根长 1~1.5 cm，个别更长些，宽 5~10 mm，淡褐黄色；地下走茎细长，直径 1~2 mm，节上具膜质的鞘。茎很短，叶基生成丛，禾叶状，长 10~50 cm，少数更长些，宽 1.5~ 3.5 mm，具 3~7 条脉，边缘具细锯齿。花葶长 6~15 cm，通常比叶短得多，总状花序长 2~5 cm，有时更长些，具几朵至十几朵花；花单生或成对着生于苞片腋内；苞片披针形，先端渐尖，最下面的长可达 7~8 mm；花梗长 3~4 mm，关节位于

中部以上或近中部；花被片常稍下垂而不展开，披针形，长约5 mm，白色或淡紫色；花药三角状披针形，长 2.5~3 mm；花柱长约 4 mm，较粗，宽约 1 mm，基部宽阔，向上渐狭。种子呈球形，直径 7~8 mm。花期为5—8月，果期为8—9月。

　　生长习性：生长于海拔 2 000 m 以下的山坡阴湿处、林下或溪旁。

　　位置分布：大巴山山脉、七曜山山脉、巫山山脉、明月山山脉、武陵山山脉、大娄山山脉。

图 2-9　麦冬药用部分

四、藜芦科

七叶一枝花

　　学名：*Paris polyphylla* Sm.

　　别名：九连环、蚤休

藜芦科　重楼属　多年生草本

识别特征：高 50~100 cm。根状茎粗壮，圆锥状或圆柱状，直径可达 3 cm，具多数环状结节，棕褐色，具多数须根。茎直立，圆柱形，不分枝，基部常带紫色。叶有 7~10 片，轮生于茎顶，长圆形、椭圆形或倒卵状披针形，长 7~15 cm，宽 2.5~5 cm，先端急尖或渐尖，基部圆形，少数楔形，全缘，无毛；叶柄长 2~5 cm，通常带紫色。花单生于茎顶，在轮生叶片上端；花梗长 5~16 cm；外轮花被片（萼片）4~6 片，形大，似叶状，椭圆状披针形或卵状披针形，绿色，长 3.5~8 cm，内轮花被片（花瓣）退化呈线状，先端常渐尖，等长或长于萼片 2 倍；雄蕊 8~12 枚，花丝与花药近等长，药隔突出部分长 0.5~1 mm；子房圆锥状，有 5~6 棱；

图 2-10　七叶一枝花

花柱粗短，4~6 枚，紫色，蒴果近球形，有 3~6 瓣裂。种子卵圆形，具鲜红色多浆汁的外种皮。花期为 7—8 月，果期为 9—10 月

生长习性：生长于海拔 700~1 100 m 的山谷、溪涧边，阔叶林下阴湿地。最宜生长于腐殖质含量丰富的壤土或肥沃的砂质壤土，在碱土或黏土中不能生长。喜凉爽、阴湿、水分适度的环境，既怕干旱又怕积水。植株较耐寒，低温无冻害。2 月下旬至 3 月上旬，气温 2~5 ℃可出芽生长，气温在 –2~1 ℃时对芽头不产生冻害。

地理分布：大巴山山脉、七曜山山脉、巫山山脉、明月山山脉、武陵山山脉。

五、唇形科

1. 夏枯草

学名：*Prunella vulgaris* L.

别名：牛低代头、灯笼草、古牛草、铁色草、夏枯头

唇形科　夏枯草属　多年生草本

识别特征：根茎匍匐，在节上生须根。茎高 20~30 cm，上部直立，下部伏地，自基部多分枝，钝四棱形，具浅槽，紫红色，被稀疏的糙毛或近于无毛。茎叶卵状长圆形或卵圆形，大小不等，长 1.5~6 cm，宽 0.7~2.5 cm，先端钝，基部圆形、截形至宽楔形，下延至叶柄成狭翅，边缘具有不明显的波状齿或几近全缘，叶片草质，上面为橄榄绿色，具短硬毛或几无毛，下面为淡绿色，几无毛，有侧脉 3~4 对，在下面略突出，叶柄长 0.7~2.5 cm，自下部向上渐变短；花序下方的一对苞叶似茎叶，近卵

圆形，无柄或具不明显的短柄。轮伞花序密集组成顶生长 2~4 cm 的穗状花序，每一轮伞花序下承以苞片；花盘近平顶。子房无毛。小坚果黄褐色，长圆状卵珠形，长 1.8 mm，宽约 0.9 mm，微具沟纹。花期为 4—6 月，果期为 7—10 月。

　　生长习性：生长在海拔 250~1 250 m 的荒地或路旁草丛中。

　　地理分布：大巴山山脉、七曜山山脉、巫山山脉、明月山山脉、武陵山山脉。

图 2-11　夏枯草

2. 薄荷

　　学名：*Mentha canadensis* L.

　　别名：土薄荷、水薄荷、见肿消、野仁丹草、野薄荷

　　唇形科　薄荷属　多年生草本

　　识别特征：茎直立，高 30~60 cm，下部数节具纤细的须根及水平匍匐根状茎，四棱形，具四槽，上部被倒向微柔毛，下部棱上被微柔毛，多分枝。叶片长圆状披针形、椭圆形或卵状披针形，长 3~5 cm，宽 0.8~3

cm，先端锐尖，基部楔形至近圆形，边缘在基部以上疏生粗大的牙齿状锯齿；叶柄长 2~10 mm，腹凹背凸，被微柔毛。轮伞花序腋生，轮廓球形；花萼管状钟形，花冠淡紫；雄蕊 4 枚，花丝无毛，花药卵圆形，花柱略超出雄蕊。花盘平顶。小坚果卵珠形，黄褐色，具小腺窝。花期为 7—9 月，果期为 10 月。

生长习性：主要生长于海拔 3 500 m 以下水旁潮湿地。

位置分布：大巴山山脉、巫山山脉、武陵山山脉、明月山山脉、大娄山山脉。

图 2-12　薄荷

六、车前科

车前

学名：*Plantago asiatica* L.

别名：蛤蟆草、饭匙草、车轱辘菜、蛤蟆叶、猪耳朵

车前科　车前属　多年生草本

识别特征：须根多数。根茎短，稍粗。叶基生呈莲座状，平卧、斜展或直立；叶片薄纸质或纸质，宽卵形至宽椭圆形，长 4~12 cm，宽 2.5~6.5

cm，先端钝圆至急尖，边缘波状、全缘或中部以下有锯齿或裂齿，基部宽楔形或近圆形，多少下延，两面疏生短柔毛；有脉 5~7 条；叶柄长 2~15 cm，基部扩大成鞘，疏生短柔毛。花序 3~10 个，直立或弓曲上升；花序梗长 5~ 30 cm，有纵条纹，疏生白色短柔毛；穗状花序细圆柱状，长 3~ 40 cm，紧密或稀疏，下部常间断；苞片狭卵状三角形或三角状披针形，长 2~3 mm，长过于宽，龙骨突宽厚，无毛或先端疏生短毛。花具短梗；花萼长 2~3 mm，萼片先端钝圆或钝尖，龙骨突不延至顶端，前对萼片椭圆形，龙骨突较宽，两侧片稍不对称，后对萼片宽倒卵状椭圆形或宽倒卵形。花冠白色，无毛，冠筒与萼片约等长，裂片狭三角形，长约 1.5 mm，先端渐尖或急尖，具明显的中脉，于花后反折。雄蕊着生于冠筒内面近基部，与花柱明显外伸，花药卵状椭圆形，长 1~1.2 mm，顶端具宽三角形突起，白色，干后变淡褐色。胚珠 7~15。蒴果纺锤状卵形、卵球形或圆锥状卵形，长 3~4.5 mm，于基部上方周裂。种子 5~12，卵

图 2-13　车前

状椭圆形或椭圆形，长 1.5~2 mm，具角，黑褐色至黑色，背腹面微隆起；子叶背腹排列。花期为 4—8 月，果期为 6—9 月。

生长习性：生长于海拔 3 200 m 以下草地、沟边、河岸湿地、田边、路旁或村边空旷处。

位置分布：大巴山山脉、巫山山脉、七曜山山脉、武陵山山脉、明月山山脉、大娄山山脉。

七、蓼科

荞麦

学名：*Fagopyrum esculentum* Moench

别名：甜荞、乌麦

蓼科　荞麦属　多年生草本

识别特征：茎直立，高 30~90 cm，上部分枝，绿色或红色，具纵棱，无毛。叶三角形或卵状三角形，长 2.5~7 cm，宽 2~5 cm，顶端渐尖，基部心形，两面沿叶脉具乳头状突起；下部叶具长叶柄，上部较小近无梗；托叶鞘膜质，短筒状，长约 5 mm，易破裂脱落。花序总状或伞房状，顶生或腋生，花序梗一侧具小突起；苞片卵形，长约 2.5 mm，绿色，边缘膜质，每苞内具花 3~5 朵；花梗比苞片长，花白色或淡红色，花被片椭圆形，长 3~4 mm；雄蕊 8 枚，比花被短，花药淡红色；花柱 3 枚，柱头头状。瘦果卵形，具 3 锐棱，顶端渐尖，长 5~6 mm，暗褐色，无光泽。花期为 5—9 月，果期为 6—10 月。

生长习性：生于海拔 800~1 500 m 田边荒地、路边、沟边。

位置分布：大巴山山脉、巫山山脉、七曜山山脉、大娄山山脉。

《本草纲目》里有关于荞麦治疗肠胃积滞和慢性泻痢的故事。

很久以前，有一个叫杨起的医生，中年时患了肠胃病，肚腹经常微微作痛，并且一大便就泻，但泻也不多，白天夜里都要反复泻好几次。于是，杨起自己治疗，但用了很多消食行气的药都没有效果，这种情况足足持续了两个多月，身体日渐消瘦。一次，杨起偶遇一个和尚，和尚见他面色不好并且身体很消瘦，问清楚情况后便传授了一个方子给他，就是用荞麦面当作饭食，连吃三四餐就会有效。一开始杨起认为和尚在开玩笑，不相信这么简单的方子会有效果，他还是四处求医，然而看了很多医生也服了不少药物，还是不见起色。在实在没有办法的情况下他想起了和尚那个方子，于是去集市上买了荞麦面回家煮来当作饭食，连续吃了三四餐，果真见效，再服几天后就真的把几个月的肠胃病治愈了。后来他在给其他患者诊治此类肠胃病时也用这个方子，竟然个个都很灵验。于是，杨起在他晚年编写用药经验方书《简便方》时，就把荞麦面能治肠胃病写入了书中。

图 2-14　荞麦

图 2-15　荞麦米

八、天南星科

半夏

学名：*Pinellia ternata*（Thunb.）Ten. ex Breitenb.

别名：地珠半夏、土半夏、小天南星、麻芋子

天南星科　半夏属　多年生草本

识别特征：块茎圆球形，直径 1~2 cm，具须根。叶 2~5 枚，有时 1 枚。叶柄长 15~20 cm，基部具鞘，鞘内、鞘部以上或叶片基部（叶柄顶头）有直径 3~5 mm 的珠芽，珠芽在母株上萌发或落地后萌发；幼苗叶片卵状心形至戟形，为全缘单叶，长 2~3 cm，宽 2~2.5 cm；老株叶片为三全裂叶片，裂片绿色，长圆状椭圆形或披针形，两头锐尖，中裂片长 3~10 cm，宽 1~3 cm；侧裂片稍短；全缘或具不明显的浅波状圆齿，侧脉 8~10 对，细弱，细脉网状，密集，集合脉 2 圈。花序柄长 25~30 cm，长于叶柄。佛焰苞绿色或绿白色，管部狭圆柱形，长 1.5~2 cm；檐部长圆形，绿色，有时边缘青紫色，长 4~5 cm，宽 1.5 cm，钝或锐尖。肉穗花序：雌花序长 2 cm，雄花序长 5~7 mm，其中间隔 3 mm；附属器

图 2-16　半夏　　　　　图 2-17　半夏药用部分

绿色变青紫色，长 6~10 cm，直立，有时 "S" 形弯曲。浆果卵圆形，黄绿色，先端渐狭为明显的花柱。花期为 5—7 月，果期为 8 月。

生长习性：海拔 2 500 m 以下，生长于草坡、荒地、玉米地、田边或疏林下，为旱地中的杂草之一。

位置分布：华蓥山山脉、武陵山山脉、大娄山山脉、明月山山脉、巫山山脉。

九、报春花科

过路黄

学名：*Lysimachia christinae* Hance

别名：黄花草、临时救、九莲灯、匍地龙

报春花科　珍珠菜属　多年生草本

识别特征：有短柔毛或近于无毛。茎柔弱，平卧匍匐生，长 20~60 cm，节上常生根。叶对生，心形或宽卵形，长 2~5 cm，宽 1~4.5 cm，顶端锐尖或圆钝，两面有黑色腺条；叶柄长 1~4 cm。花成对腋生；花梗长达叶端；花萼披针形，长约 4 mm，外面有黑色腺条；花冠黄色，约长于花萼 1 倍，裂片舌形，顶端尖，有明显的黑色腺条；雄蕊 5 枚，花丝基部合生成筒。蒴果球形，直径约 2.5 mm，有黑色短腺条。

生长习性：多见于海拔 250~2 100 m 的干燥气候条件下的荒地、路旁及田野间。

图 2-18　过路黄

地理分布：大巴山山脉、七曜山山脉、巫山山脉、明月山山脉、武陵山山脉。

十、三白草科

菠菜

学名：*Houttuynia cordata* Thunb.

别名：折耳根、侧耳根、鱼腥草

三白草科　菠菜属　多年生草本

识别特征：腥臭草本，高 30~60 cm；茎下部伏地，节上轮生小根，上部直立，无毛或节上被毛，有时带紫红色。叶薄纸质，有腺点，背面尤甚，卵形或阔卵形，长 4~10 cm，宽 2.5~6 cm，顶端短渐尖，基部心形，两面有时除叶脉被毛外均无毛，背面常呈紫红色；叶脉 5~7 条，全部基出或最内 1 对离基约 5 mm 从中脉发出，如为 7 脉时，则最外 1 对很纤细或不明显；叶柄长 1~3.5 cm，无毛；托叶膜质，长 1~2.5 cm，顶端钝，下部与叶柄合生而成长 8~ 20 mm 的鞘，且常有缘毛，基部扩大，略抱茎。花序长约 2 cm，宽 5~6 mm；总花梗长 1.5~3 cm，无毛；总苞片长圆形或倒卵形，长 10~15 mm，宽 5~7 mm，顶端钝圆；雄蕊长于子房，花丝长为花药的 3 倍。蒴果长 2~3 mm，顶端有宿存的花柱。花期为 4—7 月。

生长习性：生长于沟边、溪边或林下湿地上。

位置分布：大巴山山脉、七曜山山脉、巫山山脉、华蓥山山脉、明月山山脉、武陵山山脉。

图 2-19　蕺菜

十一、伞形科

1. 积雪草

学名：*Centella asiatica*（L.）Urban

别名：铁灯盏、钱齿草、铜钱草、老鸦碗、马蹄草、雷公根

伞形科　积雪草属　多年生草本

图 2-20　积雪草

识别特征：茎匍匐，细长，节上生根。叶片膜质至草质，圆形、肾形或马蹄形，长 1~2.8 cm，宽 1.5~5 cm，边缘有钝锯齿，基部阔心形，两面无毛或在背面脉上疏生柔毛；掌状脉 5~7，两面隆起，脉上部分叉；叶柄长 1.5~27 cm，无毛或上部有柔毛，基部叶鞘透明，膜质。伞形花序梗 2~4 个，聚生于叶腋，长 0.2~1.5 cm，有或无毛；苞片通常 2 枚，

很少 3 枚，卵形，膜质，长 3~4 mm，宽 2.1~3 mm；每一伞形花序有花 3~4，聚集呈头状，花无柄或有约 1 mm 长的短柄；花瓣卵形，紫红色或乳白色，膜质，长 1.2~1.5 mm，宽 1.1~1.2 mm；花柱长约 0.6 mm；花丝短于花瓣，与花柱等长。花果期为 4—10 月。

生长习性：生长于海拔 200~1 900 m 的地区，喜阴湿的草地或水沟边。

地理分布：大巴山山脉、巫山山脉、七曜山山脉、武陵山山脉、华蓥山山脉、明月山山脉、大娄山山脉。

2. 蛇床

学名：*Cnidium monnieri*（L.）Cuss.

别名：蛇米、蛇粟

伞形科　蛇床属　一年生草本

识别特征：高 10~60 cm。根圆锥状，较细长。茎直立或斜上，多分枝，中空，表面具深条棱，粗糙。下部叶具短柄，叶鞘短宽，边缘膜质，上部叶柄全部呈鞘状；叶片轮廓卵形至三角状卵形，长 3~8 cm，宽 2~5 cm，2~3 回羽裂，羽片轮廓卵形至卵状披针形，长 1~3 cm，宽 0.5~1 cm，先端常略呈尾状，末回裂片线形至线状披针形，长 3~10 mm，宽 1~1.5 mm，具小尖头，边缘及脉上粗糙。复伞形花序直径 2~3 cm；总苞片为 6~10 枚，线形至线状披针形，长约 5 mm，边缘膜质，具细睫毛；伞辐 8~20，不等长，长 0.5~2 cm，棱上粗糙；小总苞片多数，线形，长 3~5 mm，边缘具细睫毛；花瓣白色，花柱基略隆起，花柱长 1~1.5 mm，向下反曲。果长圆状，长 1.5~3 mm，宽 1~2 mm，花期为 4—7 月，果期为 6—10 月。

生长习性：生长于田边、路旁、草地及河边湿地。

位置分布：七曜山山脉、大娄山山脉。

图 2-21　蛇床

图 2-22　蛇床子

十二、菖蒲科

菖蒲

学名：*Acorus calamus* L.

别名：臭草、大菖蒲、剑菖蒲、家菖蒲、土菖蒲、大叶菖蒲、剑叶菖蒲、水菖蒲

菖蒲科　菖蒲属　多年生草本

识别特征：植株芳香，根状茎粗壮，直径达 1.5 cm。叶剑形，长 50~80 cm，宽 6~15 mm，具明显突起的中脉，有膜质边缘。花黄绿色；花序梗长 40~50 cm；肉穗花序斜上或近直立，圆柱形，长 4.5~ 6.5 cm。果长圆形，红色，果期花序粗达 16 mm。花果期为 6—10 月。

生长习性：生于海拔 2 600 m 以下的水边、沼泽湿地或湖泊浮岛上，也常有栽培。

位置分布：大巴山山脉、七曜山山脉、巫山山脉、明月山山脉、武陵山山脉、大娄山山脉。

图 2-23　菖蒲

十三、禾本科

1. 狗牙根

学名：*Cynodon dactylon*（L.）Persoon

别名：百慕达草

禾本科　狗牙根属　多年生低矮草本

识别特征：低矮草本，具根茎。秆细而坚韧，下部匍匐地面蔓延甚长，节上常生不定根，直立部分高 10~30 cm，直径 1~1.5 mm，秆壁厚，光滑无毛，有时略两侧压扁。叶鞘微具脊，无毛或有疏柔毛，鞘口常具柔毛；

图 2-24　狗牙根

叶舌仅为一轮纤毛；叶片线形，长 1~12 cm，宽 1~3 mm，通常两面无毛。穗状花序长 2~5 cm；小穗灰绿色或带紫色，长 2~2.5 mm，仅含 1 小花；花药淡紫色；子房无毛，柱头紫红色。颖果长圆柱形。花果期为 5—10 月。

生长习性：多生长于村庄附近、道旁河岸、荒地山坡。

位置分布：巴山山脉、巫山山脉、七曜山山脉、武陵山山脉、华蓥山山脉、明月山山脉、大娄山山脉。

2. 扁穗牛鞭草

学名：*Hemarthria compressa*（L. f.）R. Br.

别名：鞭草、牛草、牛仔蔗、马铃骨、牛鞭草

禾本科　牛鞭草属　多年生草本

图 2-25　扁穗牛鞭草

识别特征：具横走的根茎；根茎具分枝，节上生不定根及鳞片。秆直立部分高 20~40 cm，直径 1~2 mm，质地稍硬，鞘口及叶舌具纤毛；叶片线形，长可达 10 cm，宽 3~4 mm，两面无毛。总状花序长 5~10 mm，直径约 1.5 mm，略扁，光滑无毛。雄蕊 3 枚，花药长约 2 mm。颖果长卵形，长约 2 mm。花果期为夏秋季。

生长习性：生长于海拔 2 000 m 以下的田边、路旁湿润处。

位置分布：华蓥山山脉、大娄山山脉、武陵山山脉。

3. 燕麦

学名：*Avena sativa* L.

别名：香麦、铃当麦

禾本科　燕麦属　一年生草本

识别特征：秆高 0.7~1.5 m；叶鞘无毛，叶舌膜质；叶片长 7~20

图 2-26　燕麦

cm，宽 0.5~1 cm；圆锥花序顶生，开展，长达 25 cm，宽 10~15 cm；小穗具 1~2 朵小花，长 1.5~2.2 cm；小穗轴近无毛或疏生毛，不易断落，第一节间长不及 5 mm；颖质薄，卵状披针形，长 2~2.3 cm；外稃坚硬，无毛，5~7 脉，第一外稃长约 1.3 cm，无芒或背部有一根较直的芒，第二外稃无芒；内稃与外稃近等长；颖果长圆柱形，长约 1 cm，黄褐色。

生长习性：喜凉、喜湿、喜阳光、不耐高温，光照不足会造成发育不良，适宜冷凉旱地的川地、坪地、壆地、缓坡地。

分布位置：华蓥山山脉、巫山山脉、武陵山山脉。

十四、豆科

1. 紫花苜蓿

学名：*Medicago sativa* L.

别名：紫苜蓿

豆科　苜蓿属　多年生草本

识别特征：高 0.3~1 m；茎直立、丛生或匍匐，四棱形，无毛或微被柔毛；羽状三出复叶；托叶大，卵状披针形；叶柄比小叶短；小叶长卵形、倒长卵形或线状卵形，等大，或顶生小叶稍大，长 1~4 cm，边缘 1/3 以上具锯齿，上面无毛，下面被贴伏柔毛，侧脉 8~10 对；顶生小叶柄比侧生小叶柄稍长；花序总状或头状，长 1~2.5 cm，具 5~10 朵花；花序梗比叶长；苞片线状锥形，比花梗长或等长；花长 0.6~1.2 cm；花梗长约 2 mm；花萼钟形，萼齿比萼筒长；花冠淡黄、深蓝或暗紫色，花瓣均具长瓣柄，旗瓣长圆形，明显长于翼瓣和龙骨瓣，龙骨瓣稍短于翼瓣；子房线形，具柔毛，花柱短宽，柱头点状，胚珠多数；荚果螺旋状，紧卷 2~6 圈，中央无孔或近无孔，直径 5~9 mm，脉纹细，不清晰，有 10~20 粒种子；种子卵圆形，平滑；花期为 5—7 月，果期为 6—8 月。

图 2-27　紫花苜蓿

生长习性：生长于田边、路旁、旷野、草原、河岸及沟谷等地。

位置分布：华蓥山山脉、明月山山脉、七曜山山脉、巫山山脉。

2. 红车轴草

学名：*Trifolium pratense* L.

别名：红三叶

豆科　车轴草属　多年生草本

识别特征：短期多年生草本，生长期2~5年。主根深入土层可达1 m。茎粗壮，具纵棱，直立或平卧上升，疏生柔毛或秃净。掌状三出复叶；托叶近卵形，膜质，每侧具脉纹8~9条，基部抱茎，先端离生部分渐尖，具锥刺状尖头；叶柄较长，茎上部的叶柄短，被伸展毛或秃净；小叶卵状椭圆形至倒卵形，长1.5~3.5 cm，宽1~2 cm，先端钝，有时微凹，基部阔楔形，两面疏生褐色长柔毛，叶面上常有V字形白斑，侧脉约15对；小叶柄短，长约1.5 mm。花序球状或卵状，顶生；无总花梗或具甚短总花梗，包于顶生叶的托叶内，托叶扩展成焰苞状，具花30~70朵，密集；花长12~ 14 mm；几无花梗；萼钟形，被长柔毛，具脉纹10条，萼齿丝状，锥尖，比萼筒长，最下方1齿比其余萼齿长1倍，萼喉开张，具1个多毛的加厚环；花冠紫红色至淡红色，旗瓣匙形，先端圆形，微凹缺，基部狭楔形，明显比翼瓣和龙骨瓣长，龙骨瓣稍比翼瓣短；子房椭圆形，花柱丝状细长，胚珠1~2粒。荚果卵形；通常有1粒扁圆形种子。花果期为5—9月。

生长习性：生长于林缘、路边、草地等湿润处。

位置分布：巴山山脉、巫山山脉、七曜山山脉、武陵山山脉、明月山山脉、大娄山山脉。

图 2-28　红车轴草

用草

《古诗二首上苏子瞻·其二》

北宋　黄庭坚

青松出涧壑，十里闻风声。

上有百尺丝，下有千岁苓。

自性得久要，为人制颓龄。

小草有远志，相依在平生。

医和不并世，深根且固蒂。

人言可医国，可用太早计。

小大材则殊，气味固相似。

草，看似平凡，却蕴含着无限生机与智慧。它扎根于大地，默默生长，装点着山川河流，滋养着万物生灵。在重庆这片山水交融的土地上，草更是扮演着不可或缺的角色，它既是自然生态系统中不可或缺的一环，又是人类文明发展进程中重要的伙伴。

地处西南腹地的重庆，山高林密，气候湿润，孕育了丰富的药用植物资源。自古以来，巴渝人民就善于利用草药治病疗伤，积累了宝贵的经验。《神农本草经》中记载的药物，就有不少产自重庆。黄连、党参、金银花、鱼腥草……这些耳熟能详的草药，都是劳动人民与疾病抗争的智慧结晶，它们不仅守护着巴渝人民的健康，也为中医药事业的发展做出了贡献。我们将深入探讨重庆药用草的种类、分布、药用价值以及开发利用现状，展现草药在人类健康事业中的重要作用。

草是牛羊等牲畜赖以生存的食物来源，也是畜牧业发展的基础。重庆拥有广阔的草山草坡，为发展草食畜牧业提供了得天独厚的条件。近年来，重庆大力发展生态畜牧业，推广种植优质牧草，改良草地，提高草产品的产量和质量，为畜牧业的健康发展提供了有力保障。我们将介绍重庆主要的饲草种类、种植技术、营养价值以及对畜牧业发展的影响，展现草在保障肉类供应、促进农业经济发展方面的作用。

第三章 重庆药用草的利用

第一节 重庆药用草资源的基本概况

重庆拥有丰富的中草药资源，目前种植的中草药种类约 4 300 种，占全国药用植物种类的三分之一。中草药的总资源蕴藏量达 163 万吨，品种数量与资源蕴藏量在我国处于前列。品种多样：重庆的中草药品种繁多，包括黄连、丹皮、党参、天麻、枳壳、佛手等 30 多种传统道地药材。其中，黄连、青蒿、木香、丹皮、白术、枳壳、款冬花、党参、天麻、半夏、厚朴、黄柏等属于国家重点发展品种。金银花、银杏、佛手、红豆杉、辛夷、前胡等为市级重点发展品种。重庆的中草药种植分布广泛，除主城区及潼南和万盛外，重庆市其余各区县均有中药材种植，遍布石柱、丰都、巫山、巫溪、奉节、酉阳、秀山、江津、武隆、綦江、合川等 20 多个区县。

第二节　重庆常用药用草的利用

一、黄连

（一）入药部位特征

　　黄连是毛茛科黄连属多年生草本植物。入药的部位为干燥根茎，习称"味连"。

　　味连多集聚成簇，常弯曲，形如鸡爪；表面灰黄色或黄褐色，粗糙，有不规则结节状隆起、须根及须根残基，有的节间表面平滑如茎秆，习称"过桥"。

　　黄连是常用名贵中药材之一，2021 年被列入国家二级重点保护药材。

图 3-1　黄连

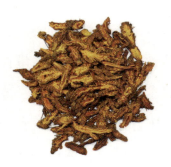

图 3-2　晒干的黄连

（二）药用价值

1. 性味与归经

　　性寒，味苦，归心、脾、胃、胆、大肠经。

2. 功能与主治

　　清热燥湿，泻火解毒。用于治疗湿热痞满，呕吐吞酸，泻痢，黄疸，高热神昏，心火亢盛，心烦不寐，血热吐衄，目赤，牙痛，消渴，痈肿疔疮；外治湿疹，湿疮，耳道流脓。用于目赤，口疮；寒热互结，湿热中阻，痞满呕吐；肝胃不和，呕吐吞酸。

（三）相关复方制剂

1. 黄连解毒汤

泻火解毒。主治三焦火毒证。大热烦躁，口燥咽干，错语不眠；或热病吐血、衄血；或热甚发斑，或身热下利，或湿热黄疸；或外科痈疡疔毒，小便黄赤，舌红苔黄，脉数有力。

图 3-3　黄连解毒汤

2. 黄连胶囊

清热燥湿，泻火解毒。用于湿热蕴毒所致的痢疾、黄疸，症见发热、黄疸、吐泻、纳呆、尿黄如茶、目赤吞酸、牙龈肿痛或大便脓血。

图 3-4　黄连胶囊

3. 黄连上清丸

散风清热，泻火止痛。用于风热上攻、肺胃热盛所致的头晕目眩、暴发火眼、牙齿疼痛、口舌生疮、咽喉肿痛、耳痛耳鸣、大便秘结、小便短赤。

图 3-5　黄连上清丸

4. 清胃黄连丸

清胃泻火、解毒消肿。用于肺胃热盛所致的口舌生疮，齿龈、咽喉肿痛。

图 3-6　清胃黄连丸

图 3-7　香连化滞丸

图 3-8　香连丸

图 3-9　左金丸

图 3-10　连朴饮

图 3-11　泻心汤

5. 香连化滞丸

清热利尿，行血化滞。用于大肠湿热所致的痢疾，症见大便脓血、里急后重、发热腹痛。

6. 香连丸

清热化湿，行气止痛。用于大肠湿热所致的痢疾，症见大便脓血、里急后重、发热腹痛；肠炎、细菌性痢疾见上述证候者。

7. 左金丸

泻火，疏肝，和胃，止痛。用于肝火犯胃，脘胁疼痛，口苦嘈杂，呕吐酸水，不喜热饮。

8. 连朴饮

清热化湿，理气和中。主治湿热霍乱。

9. 泻心汤

泻火消痞。主治邪热壅滞心下，气机痞塞证。心下痞满，按之柔软，心烦口渴，小便黄赤，大便不爽或秘结，或吐血衄血，舌红苔薄黄。

二、黄精

（一）入药部位特征

黄精是百合科黄精属多年生草本，入药的部位为干燥根茎。

图 3-12　黄精

大黄精呈肥厚肉质的结节块状，结节长可达 10 cm 以上，宽 3~6 cm，厚 2~3 cm。表面淡黄色至黄棕色，具环节，有皱纹及须根痕，结节上侧茎痕呈圆盘状，圆周凹入，中部突出。质硬而韧，不易折断，断面角质，淡黄色至黄棕色。

图 3-13　黄精干

（二）药用价值

1. 性味与归经

味甘，性平，归脾、肺、肾经。

2. 功能与主治

补脾，润肺生津。用于脾胃虚弱、肺虚燥咳、内热消渴。

（三）相关复方制剂

1. 参精止渴丸

益气养阴，生津止渴。用于气阴两亏、内热津伤所致的消渴，症见少气乏力、口干多饮、易饥、形体消瘦；2 型糖尿病见上述证候者。

图 3-14　参精止渴丸

2. 二精丸

补肾益精，滋阴润燥。主治肝肾阴虚不足证。

3. 九转黄精丸（丹）

滋补经血，用于气血两亏。

4. 精乌颗粒

补肝肾，益精血，壮筋骨。

图 3-15　九转黄精丸

图 3-16　精乌颗粒

三、车前

（一）入药部位特征

车前是车前科车前属多年生草本植物，入药部位为干燥全株。

根丛生，须状；叶基生，具长柄；穗状花序数条，花茎长。蒴果盖裂，萼宿存。

（二）药用价值

1. 性味与归经

味甘，性寒，归肝、肾、膀胱经。

2. 功能与主治

车前草具有清热利尿，祛痰，凉血，解毒的功能。用于水肿尿少，热淋涩痛，暑湿泻痢，痰热咳嗽，吐血衄血，痈肿疮毒。

图 3-17　车前草

图 3-18　晒干的车前草

车前子具有利水通淋，止泻，清肝明目，清肺化痰的功效。

（三）相关复方制剂

1. 车前草汤

清热、利尿、通淋。

图 3-19　车前草汤

2. 八正散

清热泻火、利水通淋，主治湿热淋证，包括尿频尿急、尿道涩痛、淋沥不畅、小腹胀满等症状。

3. 驻景丸

方剂主治肝肾俱虚，眼常昏暗，多见黑花，或生障翳，视物不见，迎风流泪。久服补肝肾，增目力。

图 3-20　八正散　　　　　　　　图 3-21　驻景丸

四、艾

（一）入药部位特征

艾是菊科蒿属多年生草本或稍亚灌木状植物，入药部位为干燥叶。

艾叶多皱缩、破碎，有短柄。完整叶片展平后呈卵状椭圆形，羽状深裂，裂片椭圆状披针形，边缘有不规则的粗锯齿；上表面灰绿色或深黄色，有稀疏的柔毛和腺点；下表面密生灰白色绒毛，质柔软。

图 3-22　艾　　　　　　　　　图 3-23　艾草叶

（二）药用价值

1. 性味与归经

味辛、苦，性温，归肝、脾、肾经。

2.功能与主治

全草入药，有温经、去湿、散寒、止血、消炎、平喘、止咳、安胎、抗过敏等作用。治虚寒性的妇科疾患尤佳，又治老年慢性支气管炎与哮喘，煮水洗浴时可防治产褥期母婴感染疾病，或制药枕头、药背心，防治老年慢性支气管炎、哮喘及虚寒胃痛等；艾叶晒干捣碎得"艾绒"，制艾条供艾灸用。此外全草作杀虫的农药或薰烟作房间消毒、杀虫药。

（三）相关复方制剂

1.艾附暖宫丸

理气养血，暖宫调经。用于血虚气滞、下焦虚寒所致的月经不调、痛经，症见行经后错、经量少、有血块、小腹疼痛、行经小腹冷痛喜热、腰膝酸痛。

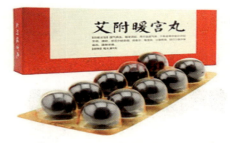

图 3-24 艾附暖宫丸

2.药艾条

行血气，逐寒湿。用于风寒湿痹，肌肉酸麻，关节四肢疼痛，脘腹冷痛。

3.胶艾汤

温经止血，养血安胎。

图 3-25 药艾条

4.四生丸

凉血止血。治血热妄行所致的衄血、吐血。

图 3-26　胶艾汤　　　　　　　　　图 3-27　四生丸

五、贝母

（一）入药部位特征

图 3-28　川贝母

贝母是百合科贝母属多年生草本植物的统称。入药部位为川贝母、暗紫贝母、甘肃贝母、梭砂贝母、太白贝母或瓦布贝母的干燥鳞茎。

鳞茎深埋土中，外有鳞茎皮。茎直立，不分枝，基生叶有长柄；茎生叶对生、轮生或散生；花较大或略小，通常钟形，俯垂，辐射对称，单朵顶生或多朵排成总状花序或伞形花序，具叶状苞片。

（二）药用价值

1. 性味与归经

性微寒、味苦、甘，归心、肺经。

2. 功能与主治

清热润肺，散结，化痰止咳。治虚劳咳嗽，吐痰咯血，心胸郁结，肺痿，肺痈，瘿瘤，瘰疬，喉痹，乳痈。

图 3-29　暗紫贝母

（三）相关复方制剂

1. 川贝止咳露

止咳祛痰。用于风热咳嗽，痰多上气或燥咳。

2. 川贝枇杷糖浆

清热宣肺，化痰止咳。用于风热犯肺、痰热内阻所致的咳嗽痰黄或咯痰不爽、咽喉肿痛、胸闷胀痛；感冒、支气管炎见上述证候者。

图 3-30　川贝止咳露

图 3-31　川贝枇杷糖浆

3. 川贝雪梨膏

润肺止咳，生津利咽。用于阴虚肺热，咳嗽，喘促，口燥咽干。

4. 牛黄蛇胆川贝液

清热、化痰、止咳。用于热痰、燥痰咳嗽，症见咳嗽、痰黄或干咳、咳痰不爽。

图 3-32　川贝雪梨膏　　　　　　图 3-33　牛黄蛇胆川贝液

5. 治咳川贝枇杷滴丸

清热化痰止咳。用于感冒、支气管炎属痰热阻肺证，见咳嗽、痰黏或黄。

6. 蛇胆川贝胶囊

清肺、止咳、祛痰。用于肺热咳嗽、痰多。

图 3-34　治咳川贝枇杷滴丸　　　　图 3-35　蛇胆川贝胶囊

7. 妙灵丸

清热化痰，散风镇惊。用于外感风热夹痰所致的感冒，症见咳嗽发烧、头痛眩晕，咳嗽、呕吐痰涎、鼻干口燥、咽喉肿痛。

8. 二母宁嗽丸

清肺润燥，化痰止咳。用于燥热蕴肺所致的咳嗽、痰黄而黏不易咳出、胸闷气促、久咳不止、声哑喉痛。

9. 小儿至宝丸

疏风镇惊，化痰导滞。用于小儿风寒感冒，停食停乳，发热鼻塞，咳嗽痰多，呕吐泄泻。

图 3-36　妙灵丸　　　　　图 3-37　二母宁嗽丸　　　　图 3-38　小儿至宝丸

（四）贝母的故事

《本草纲目》里有关于贝母治疗恶疮的故事。

唐代，江左有位商人因长年累月在外跑生意受热毒侵袭，导致胳膊上生出一块小疮。刚开始他并不在意，谁知后来越长越大，居然长到茶杯口那么大。这是一块疮面凸凹不平、形状犹如人脸的怪疮，脸的轮廓，以及其口、鼻、眼的形状皆依稀可见。不过此疮虽然形态上十分怪异，但商人并未感到有什么不适，加之生意繁忙，一时间无法顾及。一日，商人在旅店饮酒时，忽然感觉疮面的地方发痒，便当好玩一般将他所饮的酒滴入疮的"口"中，谁想疮面的颜色立即变红，好似人喝醉了酒。商人又以下酒菜喂入疮口中，此疮居然也能吃下去，喂得越多吃得越多，多吃则胳膊内的肉就会胀起，一两天后鼓胀才能慢慢瘪下去，如果再喂些吃食就又胀起，真是十分怪异。商人不知这是什么疮，感到有点恐惧，便四处求医，谁承想诸医皆束手无策。一日，商人偶遇一位名医，立即抓住机会告知详情，以求医治。名医教给商人一个方法，就是用所有的药物来一味味试疮，看看疮究竟怕哪种药，再用该药治疗。商人按名医所教方法将药店中所有的药物全部买回家，研成粉末后，一味味饲入疮"口"中。试了金石草木之类药数十种，都没有什么用，但当商人将贝母饲入疮"口"中时，奇迹发生了，此疮竟然皱眉闭口。商人大喜，当即借用小芦苇筒硬插入疮"口"中，将贝母粉末一股脑全部灌入其中，数日后此疮果然成痂痊愈了。从此，人们便知道了贝母善治恶疮的功效。

六、黄花蒿

图 3-39　黄花蒿

（一）入药部位特征

黄花蒿是菊科蒿属一年生草本植物，入药为黄花蒿的干燥或新鲜地上部分。

茎呈圆柱形，上部多分枝，表面黄绿色或棕黄色，具纵棱线；质略硬，易折断，断面中部有髓；叶互生，暗绿色或棕绿色，卷缩易碎，完整者展平后为三回羽状深裂，裂片和小裂片矩圆形或长椭圆形，两面被短毛。

图 3-40　晒干的黄花蒿

（二）药用价值

1. 性味与归经

味辛、微苦，性凉，归肝、胆经。

2. 功能与主治

入药作清热解疟、祛风止痒、治伤暑、潮热、小儿惊风、热泻、恶疮疥癣、凉血、利尿、健胃、止盗汗用，此外，还作外用药。

（三）相关复方制剂

1. 青蒿鳖甲汤

养阴透热。主治温病后期，邪伏阴分证。夜热早凉，热退无汗，舌红苔少，脉细数。

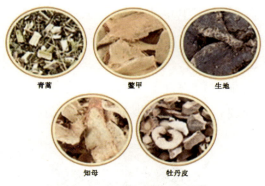

青蒿　　　鳖甲　　　生地

知母　　　牡丹皮

图 3-41　青蒿鳖甲汤

2. 清骨散

清虚热，退骨蒸。主治肝肾阴虚，虚火内扰证。骨蒸潮热，或低热日久不退，形体消瘦，唇红颧赤，困倦盗汗，或口渴心烦，舌红少苔，脉细数等。

图 3-42　清骨散

图 3-43　蒿芩清胆汤

3. 蒿芩清胆汤

清胆利湿，和胃化痰。主治少阳湿热证。寒热如疟，寒轻热重，口苦膈闷，吐酸苦水，或呕黄涎而黏，甚至干呕呃逆，胸胁胀疼，小便黄少。

七、麦冬

图 3-44　麦冬

（一）入药部位特征

麦冬是天门冬科沿阶草属多年生草本植物。主要入药部位为干燥块根。

麦冬入药部位呈纺锤形，两端略尖，长 1.5~3 cm，直径 0.3~ 0.6 cm。表面呈淡黄色或灰黄色，有细纵纹。质柔韧，断面黄白色，半透明，中柱细小。

图 3-45　中药材麦冬

（二）药用价值

1. 性味与归经

性味甘、微苦、微寒，归心、肺、胃经。

2. 功能与主治

养阴生津，润肺清心。用于肺燥干咳。虚痨咳嗽，津伤口渴，心烦失眠，内热消渴，肠燥便秘；咽白喉。

（三）相关复方制剂

1. 麦味地黄丸

滋肾养肺。用于肺肾阴亏，潮热盗汗，咽干咯血，眩晕耳鸣，腰膝酸软，消渴。

2. 玄麦甘桔含片

清热滋阴，祛痰利咽。用于阴虚火旺，虚火上浮，口鼻干燥，咽喉肿痛。

图 3-46　麦味地黄丸

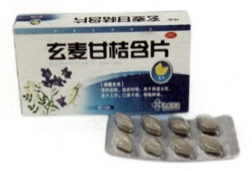

图 3-47　玄麦甘桔含片

3. 清火栀麦丸

清热解毒，凉血消肿。用于肺胃热盛所致的咽喉肿痛、发热、牙痛、目赤。

4. 生脉饮

益气复脉，养阴生津。用于气阴两亏，心悸气短，脉微自汗。

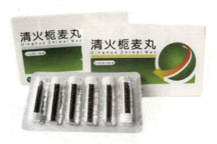

图 3-48　清火栀麦丸

图 3-49　生脉饮

5. 养阴清肺膏

养阴润燥，清肺利咽。用于阴虚肺燥，咽喉干痛干咳少痰或痰中带血。

6. 二冬膏

养阴润肺。用于肺阴不足引起的燥咳痰少、痰中带血、鼻干咽痛。

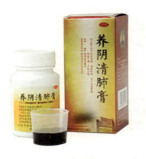

图 3-50　养阴清肺膏

图 3-51　二冬膏

7. 益胃汤

养阴益胃。主治胃阴损伤证。症见胃脘灼热隐痛，饥不欲食，口干咽燥，大便干结，或干呕、呃逆。

8. 增液汤

增液润燥。主治阳明温病，津亏便秘症。症见大便秘结，口渴。

图 3-52　益胃汤　　　　　　　　　　图 3-53　增液汤

9. 清营汤

清营解毒，透热养阴。主治热入营分证。症见身热夜甚，神烦少寐，时有谵语，目常喜开或喜闭，口渴或不渴，斑疹隐隐。

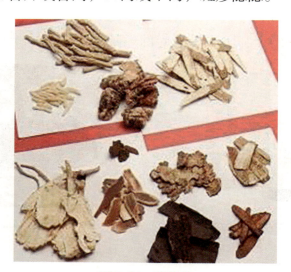

图 3-54　清营汤

八、七叶一枝花

（一）入药部位特征

七叶一枝花是藜芦科重楼属多年生草本。入药部位为根状茎。根茎类圆柱形，多平直，直径 1~2.5 cm。

（二）药用价值

1. 性味与归经

性寒，味苦，小毒，归肝、肺经。

2. 功能与主治

清热解毒，平喘止咳，熄风定惊。治痈肿，疔疮，瘰疬，喉痹，慢性支气管炎，小儿惊风抽搐，蛇虫咬伤。

图 3-55 七叶一枝花

图 3-56 重楼

（三）相关复方制剂

1. 七叶皂苷钠

具有消炎、消肿、止痛、改善循环的功效。

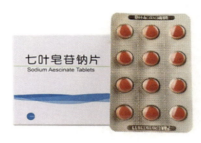

图 3-57　七叶皂苷钠

2. 复方薯草散

暖胃健脾，化腐解毒，止痛消胀，制酸止血，促溃疡愈合。主治溃疡病。

3. 复方蟾酥膏

具有活血化瘀，消肿止痛的功效。用于肺、肝、胃等多种癌症引起的疼痛。

图 3-58　复方薯草散

图 3-59　复方蟾酥膏

九、石菖蒲

图 3-60　石菖蒲

（一）入药部位特征

　　石菖蒲是天南星科菖蒲属多年生草本植物。入药部位为干燥的根茎。

　　石菖蒲入药部位呈扁圆柱形，多弯曲，常有分枝。表面呈棕褐色或灰棕色，粗糙，有疏密不匀的环节，节间长 0.2~0.8 cm，具细纵纹，一面残留须根或圆点状根痕；叶痕呈三角形，左右交互排列，有的其上有毛鳞状的叶基残余。质硬，断面纤维性，类宝色或微红色，内皮层环明显，可见多数维管束小点及棕色油细胞。

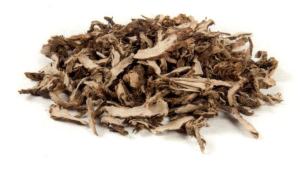

图 3-61　中药材石菖蒲

（二）药用价值

1. 性味与归经

　　味辛、苦，性温，归心、胃经。

2. 功能与主治

　　石菖蒲具有开窍豁痰，醒神益智，化湿开胃的功效。主治痰涎壅闭、神识不清、慢性支气管炎；痢疾、肠炎、腹胀腹痛、食欲不振、风寒湿痹，外用敷疮疥。兽医用全草治牛臌胀病、肚胀病、百叶胃病、胀胆病、发疯狂、泻血痢、炭疽病、伤寒等。

（三）相关复方制剂

1. 癫痫康胶囊

镇惊熄风，化痰开窍。用于癫痫风痰闭阻，痰火扰心，神昏抽搐，口吐涎沫者。

2. 安神补心丸

养心安神。用于心血不足、虚火内扰所致的心悸失眠、头晕耳鸣等。

3. 涤痰汤

涤痰开窍。主治中风、痰湿蒙窍证。舌强不能言，喉中痰鸣，漉漉有声。

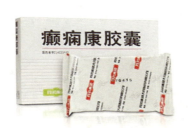

图 3-62　癫痫康胶囊　　　　图 3-63　安神补心丸

4. 开噤散

泄热和胃，化湿开噤。治下痢不能进食，或呕不能食者，火盛气虚，下痢呕逆，食不得入。

5. 菖蒲郁金汤

清营透热。主治伏邪风温，辛凉发汗后，表邪虽解，暂时热退身凉，而胸腹之热不除，继则灼热自汗，烦躁不寐，神识时昏时清，夜多谵语，脉数舌绛，四肢厥而脉陷，症情较轻者。

图 3-64　涤痰汤

图 3-65　开噤散

图 3-66　菖蒲郁金汤

十、蕺菜

（一）入药部位特征

蕺菜是三白草科蕺菜属多年生草本植物。入药部位为新鲜全草或干燥地上部分。

新鲜蕺菜草茎呈圆柱形；上部绿色或紫红色，下部白色，节明显，下部节上有须根，无毛或被疏毛。干蕺菜草茎呈扁圆柱形，扭曲，表面黄棕色，具纵棱数条；质脆，易折断。

图 3-67　蕺菜

（二）药用价值

图 3-68　晒干的鱼腥草

1. 性味与归经

味辛，性微寒，入肺经。

2. 功能与主治

清热解毒，排脓消痈，利尿通淋。主要用于肺痈吐脓，痰热喘咳，热痢，痈肿疮毒，热淋。

（三）相关复方制剂

1. 鱼腥草滴眼液

清热，解毒，利湿。用于风热疫毒上攻所致的暴风客热、天行赤眼、天行赤眼暴翳，症见两眼刺痛、目痒、流泪；急性卡他性结膜炎、流行性角膜结膜炎见上述证候者。

2. 复方鱼腥草片

清热解毒。用于外感风热所致的急喉痹、急乳蛾，症见咽部红肿、咽痛；急性咽炎、急性扁桃体炎见上述证候者。

图 3-69　鱼腥草滴眼液

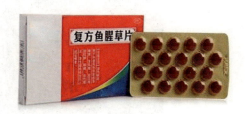

图 3-70　复方鱼腥草片

3. 五草汤

清热解毒，宣肺健脾利水。主治湿热内蕴，水湿不化。

4. 复方金荞片

止咳化痰、抗痨。主治肺结核，结核性胸膜炎，骨结核。

5. 鱼败银海汤

清热，解毒，利湿。主治急性尿路感染，急性肾盂肾炎。临床常用于下焦湿热型的热淋等症。

图 3-71　五草汤　　　　图 3-72　复方金荞片　　　图 3-73　鱼败银海汤

十一、夏枯草

（一）入药部位特征

夏枯草是唇形科夏枯草属多年生匍匐状草本。入药部位为干燥果穗。

夏枯草呈圆柱形，略扁；淡棕色至棕红色。全穗由数轮至十数轮宿萼与苞片组成，每轮有对生苞片 2 片，呈扇形，先端尖尾状，脉纹明显，外表面有白毛。每一苞片内有花 3 朵，花冠多已脱落，宿萼二唇形，内有小坚果 4 枚，卵圆形，棕色，尖端有白色突起。

图 3-74　夏枯草

图 3-75　晒干的夏枯草

（二）药用价值

1. 性味与归经

味辛、苦，性寒，归肝、胆经。

2. 功能与主治

清肝明目，散结解毒。主治目赤羞明，目珠疼痛，头痛眩晕，耳鸣，瘰疬，瘿瘤，乳痈，痄腮，痈疖肿毒，急、慢性肝炎，高血压病。

（三）相关复方制剂

1. 清脑降压片

平肝潜阳。用于肝阳上亢所致的眩晕，症见头晕、头痛、项强、血压偏高。

2. 夏枯草口服液

清火，散结，消肿。用于火热内蕴所致的头痛、眩晕、瘰疬、瘿瘤、乳痈肿痛；甲状腺肿大、淋巴结结核、乳腺增生病见上述证候者。

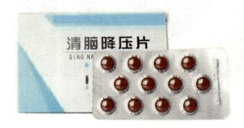

图 3-76　清脑降压片

图 3-77　夏枯草口服液

3. 乳癖消片

软坚散结，活血消痈，清热解毒。用于痰热互结所致的乳癖、乳痈，症见乳房结节、数目不等、大小形态不一、质地柔软，或产后乳房结块、红热疼痛；乳腺增生、乳腺炎早期见上述证候者。

图 3-78　乳癖消片

十二、蒲公英

（一）入药部位特征

蒲公英是菊科蒲公英属多年生草本。入药部位为干燥全草。

图 3-79　蒲公英

图 3-80　晒干的蒲公英

本品为不规则的段。根表面棕褐色，带有皱纹；根头部有棕褐色或黄白色的茸毛，有的已脱落。叶多皱缩破碎，绿褐色或暗灰绿色，完整者展平后呈倒披针形，先端尖或钝，边缘浅裂或羽状分裂，基部渐狭，下延呈柄状。头状花序，总苞片多层，花冠黄褐色或淡黄白色。有时可见具白色冠毛的长椭圆形瘦果。气微，味微苦。

（二）药用价值

1. 性味与归经

味苦、甘，性寒，归肝、胃经。

2. 功能与主治

清热解毒；消痈散结。主治乳痈、肺痈、肠痈、痄腮、疔毒疮肿、目赤肿痛、感冒发热、咳嗽、咽喉肿痛、胃火、肠炎、痢疾、肝炎、胆囊炎、尿路感染、蛇虫咬伤。

图 3-81　余麦口咽合剂

（三）相关复方制剂

1. 余麦口咽合剂

养阴生津、清热泻火。治疗阴虚火旺所致的口干舌燥、烦躁咽痛等症。

2. 复方公英胶囊

图 3-82　复方公英胶囊

清热解毒、消肿止痛、利湿通淋。可用于抗炎、抗病毒等，抑制细菌和真菌的生长繁殖，减轻炎症反应，促进局部血液循环，缓解组织水肿和疼痛。

3. 热炎宁合剂

清热解毒。治疗外感风热、内郁化火所致的风热感冒、发热、咽喉肿痛等症。

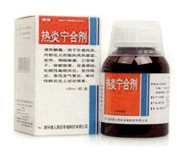

图 3-83　热炎宁合剂

第四章　重庆饲草的利用

第一节　重庆饲草资源的基本概况

一、重庆市饲草资源研究历程

　　草地饲用植物资源的研究对摸清重庆的饲用植物资源、研究饲用植物特性、探讨饲用植物的经济价值提供了基础数据；对野生牧草驯化、栽培利用提供了原始材料，促进草地科学的发展；对土地整治、环境保护、植物资源的综合开发利用提供了科学依据。

　　重庆市饲草资源的早期研究始于 20 世纪 80 年代，当时主要是对本地饲草种类、数量及分布进行初步调查。调查方法主要采取样线法、样方法等传统生态学方法，对草地、山坡等地区的饲草资源进行了系统收集，为后续的饲草利用和产业发展提供了基础数据。

　　随着科学技术的发展，重庆市开始了饲草品种的改良工作，并通过引进外地优良品种，结合本地实际条件进行驯化和培育，成功培育出了一批适应性强、产量高、品质优的新品种，显著提升了本地饲草的品质和产量；同时通过饲养试验，对改良后的饲草品种进行了饲养效果分析。结果显示，改良后的饲草在动物生长速度、肉质改善等方面均表现出了明显优势，证明了品种改良对提升饲草饲养效果具有重要作用。

重庆市对部分主要的饲草资源的营养价值进行了全面评估，并通过化学分析、生物学评价等方法，确定了不同饲草品种的营养成分和营养价值，为合理搭配饲草、优化饲养结构提供了科学依据。

在资源调查和品种改良的基础上，重庆市也大力发展饲草产业，并通过政策扶持、技术推广等措施，实现了饲草种植面积和产量稳步增长，饲草产业已成为重庆市畜牧业的重要组成部分。

尽管重庆市饲草研究取得了一定成果，但仍面临一些问题和挑战，主要包括饲草资源利用不合理、种植技术落后、市场体系不完善等。这些问题限制了饲草产业的进一步发展，需要采取有效措施加以解决。

未来，重庆市饲草资源研究将更加注重技术创新和产业升级，以通过引进新技术、新设备，提高饲草种植和管理水平；同时，加强饲草产业与其他相关产业的融合，构建完整的饲草产业链，推动饲草产业向更高层次、更广领域发展；此外，还将注重生态环境保护，实现饲草产业的可持续发展。

二、重庆市饲草资源物种数量与分布

重庆地处中国西南部、长江上游地区，属于典型中亚热带气候，立体气候明显。重庆市北、东、南三面均为山区，长江自西向东流经全境，地形复杂多变。重庆处于我国东西及南北植物区系交错渗透的地带，大部分在我国三大植物自然分布中心之一的"鄂西川东植物分布中心"内，是我国植物种类特别丰富的地区之一，具有丰富的植物种质资源，截至 2009 年，重庆市维管束植物 224 科 1 521 属 5 954 种。

草食畜牧业是重庆山区重要的特色产业之一。丰富的植物资源蕴含大量可饲用植物，是发展现代草牧业、修复退化草原生态系统、调整种植业结构、建设美丽乡村、实现美丽中国的物质基础和基本材料。在保证食物安全、维护生态环境、推动经济可持续发展中，草种与粮食作物、经济作物具有同等重要的地位。

重庆市饲草资源分布呈现明显的地域性特点，主要集中在中低海拔的山地、丘陵地区。主要饲草种类包括禾本科、豆科、菊科等多科植物，其中部分种类具有耐旱、耐瘠薄等特性，适合在重庆的特定生态环境中生长。以下介绍几种常见饲草的资源情况。

1. 象草

象草是重庆重要的刈割型禾本科牧草，其生态适应性很强，原产非洲热带区域，引种栽培至印度、缅甸、大洋洲及美洲，我国在 20 世纪 30 年代引入广州种植，后来，重庆、江西、四川、广东、广西、云南等地已引种栽培成功。除了作为优质植物饲料，象草也可作为新型生物能源。兰州大学草地农业生态系统国家重点实验室联合广西畜牧研究所、国际家畜研究所，针对象草基因组开展了创新性研究，组装获得高质量象草染色体水平基因组，明确了象草的进化地位，解析了紫色象草花青素积累及其快速生长的分子机制。对象草作为优良饲草和潜在能源草的分子改良育种具有重要意义。关于象草种质资源的分类、分布，尽管前人做了许多工作，但还有很多问题尚待进一步研究。

图 4-1　象草

2. 扁穗牛鞭草

　　扁穗牛鞭草属在热带、亚热带地区草地农业系统中占有重要地位。由杜逸教授等育成的"广益"和"重高"两个扁穗牛鞭草品种已在长江以南的十多个省区广泛栽培应用，并在畜牧业发展和生态环境建设中发挥了巨大作用，现已成为中国亚热带温暖湿润区的当家品种。扁穗牛鞭草的社会、经济、生态价值已得到肯定并越来越受到重视。目前，扁穗牛鞭草已成为重庆亚热带地区栽培面积最大、应用最广泛的优良禾本科牧草。经实地测试，"广益"扁穗牛鞭草一年可刈割 5~6 次，其干物质产量年均可达 38 100 kg/hm²，坡荒地达 18 000 kg/hm²；而"重高"扁穗牛鞭草年均产量最高可达 36 700 kg/hm²。近年来，牛鞭草又被大量应用于幼龄果园、经济林间作和与其他作物轮作。

3. 狗牙根

　　狗牙根是一种暖季型优质牧草，具有广泛的应用价值，在中国拥有丰富的种质资源，其分布遍及黄河流域以南的广大地区。狗牙根具有较强的生命力、快速的繁殖能力、耐践踏性，并且几乎可以在所有土壤类型中良好生长。在重庆市，狗牙根作为一种草坪草和牧草，对多种非生物胁迫，如盐碱、践踏、高温和干旱具有抗性。此外，针对三峡库区消落带的研究表明，狗牙根在该区域具有适应性，并且对淹没后的恢复机制有一定的研究价值。

三、重庆主要饲草的类别

　　我国天然草地上分布有野生植物 1.5 万多种，其中已知的饲用植物有 6 704 种，分属 5 个门、246 科、1 545 属、6 352 种、29 亚种、303 变种、13 变型。饲用植物以多年生草本植物和半灌木、灌木为主，另外还包括一些乔木、一年生植物和低等植物。其中草地饲用植物在中国约有 160 多属，660 余种，广泛分布于各类草地之中，在草甸草原中占 10%~15%，在干草原中占 60%~90%，在荒漠草原中占 20%~35%。

（一）按科分类

　　从植物分类学角度，按科分类主要包括以下几类。

1. 禾本科饲草

　　禾本科草类是草原群落的主要建群种。禾本科草类也是最常见的一类饲草，包括牧草、禾本科谷物等，常见的有燕麦、大麦、小麦、玉米、高粱等。这些禾本科植物在农业生产中作为主要的饲料来源。据调查，重庆市现分布有禾本科饲草近 100 属，约 1 000 种。

2. 豆科饲草

豆科草类也是重要的饲料来源，富含蛋白质和营养物质，不仅可以提供丰富的营养，还能改良土壤，提高土壤肥力。

在草原植被组成中，豆科植物一般为伴生成分，有些种也可成为优势种或次优势种。豆科草类在草群生物量组成中，一般仅占 3%~10%，但其资源价值远比其数量重要。主要的豆科草类有紫花苜蓿、白三叶、草木樨、直立黄芪、歪头菜等。据调查，重庆市现分布有豆科饲草约 60 个属，上百种。

3. 菊科饲草

菊科植物中有一些也可以作为饲料使用。它们虽然不如禾本科和豆科植物那样分布广泛，但在某些地区仍然是重要的饲料来源。

图 4-2　紫花苜蓿

图 4-3　白三叶

4. 莎草科饲草

莎草科草类，在中国约有 28 属 500 多种，除了作为伴生植物广布于各类草原群落，在高寒草原、高寒草甸与低湿地植被中，还以建群种和优势种出现。

5. 其他科饲草

其他科饲草包括除上述 4 类以外的其他草类，以阔叶草本植物为主，种类庞杂。其比重很大，一般为 10%~60% 或更多。其他科饲草的饲用价值因种类不同而悬殊，有些种含有丰富的营养物质，具有某些特殊价值。如百合科葱属植物、菊科蒿属植物，其蛋白质、粗脂肪的含量都很高，适口性也好。

（二）按畜种分类

不同的饲草对于不同的畜种有不同的适用性和营养价值，饲养者应根据畜种的需要选择适当的饲料。根据畜种的不同需求和消化能力，饲草可以分为适合不同畜种的几种类型。

1. 牛饲用牧草

牧草是牛养殖必需的饲料之一。优质牧草不仅能够满足牛的营养需要，而且能够充分发挥牛的优良性状，取得更高的经济效益。

适宜牛饲用的常用优质牧草种类包括多花黑麦草、多年生黑麦草、紫花苜蓿、红三叶、白三叶、鸭茅、扁穗牛鞭草、青贮玉米、皇竹草、高丹草、饲用甜高粱、拉巴豆等。在上述肉牛养殖常用牧草中，不同的牧草种类具有不同的生态适应性，应根据本地水热因子、海拔等环境因素选择适宜的牧草种类，选择不同类型的品种，如高海拔地区（1 000 m以上），应以多年生耐寒冷型品种为主，包括多年生黑麦草、鸭茅、红三叶、白三叶等。中海拔地区（500~1 000 m），以多年生与一年生品种结合为主，如鸭茅等与甜高粱、多花黑麦草结合。低海拔地区（500 m以下）主要选用一些耐热的牧草品种，如杂交狼尾草等。

2. 羊饲用牧草

优质牧草如紫花苜蓿、三叶草、黑麦草等，以及一些优质多汁饲料，如萝卜、菊苣、苦荬菜等，都是适宜作为羊的优质饲草。优质牧草因富含可消化粗蛋白、碳水化合物和多种维生素，其营养价值和消化率均较高，可青饲或青贮及调制成青干草后饲喂羊只。特别注意，青干草是鲜草供应不足时羊的主要食物，与鲜草相比其粗纤维含量高、可消化营养物质较少、经济价值略低、适口性略差，但羊的消化器官适宜消化粗纤维，若青干草供应量不足还会破坏其正常的消化功能，因此在羊养殖过程中应适量饲喂青干草。多汁饲料水分含量高、干物质含量少、粗纤维含量低、适口性好、消化率高，特别是对产奶母羊有催奶作用，应适量饲喂。一般成年母羊每只每天可喂块根 2~4 kg、块茎 1~2 kg，羊羔适当少喂。

3. 猪饲用牧草

猪喜欢采食青绿多汁类牧草，以优质、幼嫩的叶菜类为宜，包括叶菜类饲料作物（叶用甜菜、籽粒苋、苦荬菜、白菜等），也喜欢采食甘薯（块根、块茎、藤蔓）及瓜类饲料作物（白萝卜、南瓜等）。此外，豆科牧草如紫花苜蓿、禾本科牧草如黑麦草等也是猪喜欢采食的优质牧草。在种草养猪草畜配套模式中，采用多年生牧草长期栽培和短季牧草

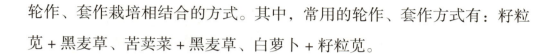

轮作、套作栽培相结合的方式。其中，常用的轮作、套作方式有：籽粒苋 + 黑麦草、苦荬菜 + 黑麦草、白萝卜 + 籽粒苋。

4. 肉兔饲用牧草

肉兔喜食青绿多汁类的牧草，包括豆科牧草紫花苜蓿、紫云英、白三叶、红三叶、苕子等。按干物质基础计算，粗蛋白可满足肉兔对蛋白质的需要，但生物学价值较低，而且能量含量不足，钙的含量较高。禾本科牧草主要有黑麦草、苏丹草、羊草等，同豆科牧草相比，禾本科牧草的粗蛋白含量相对不足，粗纤维含量相对较高，营养价值虽不及豆科牧草，但也是肉兔常用青绿饲料。

兔属于小型动物，不耐粗饲，饲喂新鲜青草可以保证营养物质被及时吸收。饲喂时，若青草中有泥土、杂质等应洗净晾干且要注意仔细剔除有毒有害草。冬季饲喂干草时，应将干草用温水浸软，沥干后投喂；干草粉拌入粗饲料中可代替糠麸使用。另外，蔬菜瓜果类饲料、水生饲料及早春的青绿饲料因水分含量太高，用其饲喂家畜时应注意以下几点：一是控制喂量；二是切碎，与麸皮或粗饲料搭配；三是晒至半干再饲喂。

5. 畜禽饲用牧草

苦荬菜是菊科苦荬菜属一年生或越年生草本植物，属于叶菜类饲草。种子弱小且轻，顶土力弱，适宜在土质疏松肥沃的地块种植，一般采用条播的方式，也可进行育苗移栽。白三叶属豆科三叶草属牧草，蛋白质含量丰富，以春季播种较适宜。菊苣是鹅养殖最适宜的牧草之一，以草质好、营养价值丰富而闻名。以春播育苗移栽为好，3—4 月进行移栽，当年生长期长，可利用五六个月，冬季休眠，储备足够养分，第二年生长旺盛。墨西哥玉米为一年生禾本科牧草，具有适应性强、茎叶柔嫩、清香可口、营养全面的特点，是养鹅生产环节中优良牧草品种之一。饲用甜高粱为禾本科高粱属牧草，虽然成熟期植株高达 3~4 m，但因其茎秆香甜，适口性好，产量高，幼嫩期适时刈割后打碎也是鹅的优良牧草。多花黑麦草和多年生黑麦草属于禾本科黑麦草属牧草，是种草养鹅当家草种之一。

对于以不同畜种的不同需求和消化能力分类的常见饲草类型，饲养者在选择饲草时，应该结合畜种的特点和需要，选择适宜的饲料，以保证畜禽的健康和生长发育。

第二节　重庆常用饲草的利用

重庆饲用草主要来源于禾本科和豆科。

一、禾本科

（一）牛鞭草属

牛鞭草属在全世界约有 20 个种，在我国，主要分布在热带、亚热带地区，少数分布于北半球温带湿润地区。我国牛鞭草属资源丰富，分布在广东、广西、云南和四川等地，主要应用在热带、亚热带地区草地畜牧系统中。其在重庆市各区县河谷地带常见。

扁穗牛鞭草（学名 *Hemarthria compressa*（L.f.）R.Br.）

（1）饲用价值

扁穗牛鞭草营养丰富，富含脂肪、纤维以及无氮浸出物等多种营养成分。在拔节期，其干物质中的粗脂肪含量为 3.66%~7.4%，粗纤维含量为 25.6%，无氮浸出物含量为 36.95%~39.7%，粗灰分含量为 9.60%~12.7%。此外，还含有钙和磷等矿物质，其中含钙 0.57%，含磷 0.36%。扁穗牛鞭草适口性好，叶片多，草质柔嫩，口感香甜，无异味，因此深受牛、羊、兔、猪、禽、鱼等多种畜禽的喜爱。产量高，扁穗牛鞭草具有高产的特点，每公顷年产鲜草量可达 100 000~150 000 kg，产量甚至高达 12 000~15 000 kg/ 亩。利用年限长，种植一次扁穗牛鞭草，可持续利用 10~15 年，具有良好的经济效益和生态效益。用途广泛，扁穗

图 4-4　扁穗牛鞭草

牛鞭草既可作为青饲料直接饲喂畜禽，也可调制干草或青贮，还可作为种用牛鞭草草地，在生长旺季和利用之前补施钾肥。

　　总的来说，扁穗牛鞭草是一种营养丰富、适口性好、产量高、利用年限长且用途广泛的优质牧草，对于提高畜禽养殖效益、促进畜牧业发展具有重要作用。同时，扁穗牛鞭草还具有解表、祛风、开胃等功效，可用于治疗久病体虚、不思饮食、感冒、风湿筋骨痛等症状，具有一定的药用价值。

　　（2）营养价值

　　扁穗牛鞭草叶量丰富，营养物质含量高，在拔节期，干物质中含粗蛋白质 13.45%、粗脂肪 3.66%、酸性洗涤纤维 37.31%、中性洗涤纤维

65.74%、无氮浸出物 36.95%、粗灰分 9.60%。扁穗牛鞭草因含糖分较多，味香甜，无异味，马、牛、羊、兔等均可食用。拔节期刈割，其茎叶较嫩，也是猪、禽、鱼等的良好饲草，并且高扁穗牛鞭草特别适合饲喂产奶牛，可提高产奶量。

（二）燕麦属

燕麦（学名 *Auena satiua* L.）

　　燕麦是一种重要而优良的麦类饲料作物和粮食作物。原产于地中海沿岸，广泛分布在 40 多个国家。重要产区是欧洲的俄罗斯、乌克兰、波兰、芬兰等，北美洲的美国、加拿大，大洋洲的澳大利亚和亚洲的中国等。燕麦在世界禾谷类作物中的种植面积和总产量，仅次于小麦、玉米、水稻、大麦和高粱，居第六位。我国种植燕麦已有 2 300~2 500 年的历史。在我国，燕麦的分布比较广泛，以华北、西北和西南为主，其次在华中、华东、东北，青藏高原也有种植。重庆市各地均有种植。

图 4-5　燕麦

（1）饲用价值

燕麦是一种优质的饲草，具有极高的饲用价值。首先，燕麦饲草富含营养、维生素和矿物质，如钾、钙等。这些营养物质对满足家畜的生长、发育和产奶、产蛋等需求具有重要作用。其次，燕麦饲草的适口性好，其茎叶柔嫩，口感香甜，深受牛、羊、马、兔、猪、鹅等多种畜禽的喜爱。同时，燕麦饲草的消化率也较高，有利于提高家畜对饲料的利用率。此外，燕麦饲草的产量也较高，每公顷年产量可达100 000~150 000 kg，甚至高达 12 000~15 000 kg/ 亩。而且，燕麦饲草利用年限长，种植一次可持续利用多年，具有良好的经济效益和生态效益。在家畜饲养业中，燕麦饲草可以作为精料或青贮饲料使用，也可与其他饲料混合使用，以提高饲料的营养价值和适口性。燕麦饲草不仅可以满足家畜的营养需求，还可以提高家畜对粗饲料的利用率，降低饲养成本。

（2）营养价值

燕麦籽粒富含蛋白质，含量一般为 12%~18%，高者可达 21% 以上。脂肪含量较高，一般含 3.9%~4.5%，比大麦和小麦高两倍以上。粗纤维含量较高，能量少，营养价值低于玉米，宜喂马、牛。燕麦秸秆质地柔软，饲用价值高于水稻、小麦、谷子等的秸秆。

表 4-1 燕麦干草和鲜草中可消化营养物质含量

饲草种类	粗蛋白质 /%	粗脂肪 /%	粗纤维 /%	无氮浸出物 /%
干燕麦秆	6.1	1.3	12.4	25.9
干燕麦秆 - 莕子	6.9	1.0	14.6	21.2
鲜燕麦秆	2.0	0.9	5.0	8.8
鲜燕麦秆 - 莕子	2.4	0.5	2.9	6.9

（三）早熟禾属

草地早熟禾（学名 *Poa pratensis* L. ）

　　草地早熟禾自然分布于欧洲、亚洲及北非的温凉湿润草地。在欧洲，除地中海的巴里阿利斯群岛外，几乎分布于整个欧洲；在亚洲，分布于中亚、中国、蒙古国、日本及俄罗斯的西伯利亚和远东；在非洲北部的地中海沿岸国家也有自然分布。草地早熟禾是世界著名的优良栽培草种。从最初用作建立人工放牧地和刈草地的草种，发展到用作城乡绿地生态建设的草坪草种和水土保持植物。在我国的华北、东北、西北、华东、华南、西南等地的各种生境中都能找到草地早熟禾的身影。在重庆市郊区的山地、丘陵地带常见。

　　饲用价值：草地早熟禾富含脂肪和纤维等营养成分，营养丰富。草地早熟禾的叶片不易脱落，茎叶生长茂盛，口感好，适口性好。马、牛、羊、驴、骡、兔等多种畜禽都喜欢采食，尤其是马最为喜欢，因此认为其有完善的饲用价值。草地早熟禾耐牧性强，从春到秋都可以进行放牧利用，能保证持续的生长和产量，对牧场的持续利用有很好的帮助。草地早熟禾生长条件广泛，对土壤的适应性较强，能在中性到微酸性的土壤中生长，但最适合肥沃、排水性良好的土壤。增施氮肥和磷、钾肥料能促进其快速生长，提高产量。草地早熟禾用途多样，不仅可以作为新鲜的牧草使用，还可以用于调制干草作为牲畜的补饲草。其干草也具有良好的饲用价值，特别是在冬季，可以作为马的长膘草。

　　总的来说，草地早熟禾是一种营养丰富、适口性好、耐牧性强、生长条件广泛且用途多样的优质牧草，具有很高的饲用价值。其作为重要的牧草品种，对畜牧业的发展起到了积极的推动作用。

二、豆科

（一）苜蓿属

紫花苜蓿（学名 *Medicago sativa* L.）

紫花苜蓿简称苜蓿，原产于小亚细亚、伊朗、外高加索一带。世界各地都有栽培或呈半野生状态。中国南北各地均有栽培。重庆市各地均有栽培。

紫花苜蓿为世界最著名的饲草及绿肥作物，产量高，利用年限长，饲用价值高，经济价值大，适应性广，抗逆性强，被称为"牧草之王"。在饲用作物中，苜蓿是世界上栽培历史最悠久，选育出的品种最多，种植区域最广和种植面积最大的饲用作物。到 20 世纪末，世界苜蓿种植面积近 3 300 万 hm^2，居饲用作物种植面积的首位。其中，美国种植面积近 1 100 万 hm^2，占世界苜蓿种植面积的 1/3，居世界苜蓿种植面积的第一位，在美国的种植业中已成为仅次于小麦、玉米和水稻的第四大农作物。现在，从育种到饲草和种子生产技术，再到产品加工技术已日趋完善，已形成专业化和产业化。我国是世界上引种和栽培苜蓿最早的国家，已有 2 000 多年的栽培历史，在各地区已形成许多生态类型及优良地方品种，在栽培牧草区划中，已成为东北、内蒙古高原、黄淮海、黄土高原、新疆及青藏高原地区的当家草种。苜蓿在中温带和暖温带的半湿润和半干旱地区普遍种植。

（1）饲用价值

紫花苜蓿是一种优质的牧草，具有很高的饲用价值。首先，苜蓿富含蛋白质、矿物质和维生素等多种营养成分，特别是其氨基酸含量非常高，还含有多种微量元素。其次，苜蓿的产草量高，品质好，利用年限长，再生能力强，并且适口性好，是各种家畜较为喜爱的一种牧草。在相同的土地上种植，苜蓿比禾本科牧草所收获的可消化蛋白质、矿物质和可消化养分都要高。此外，苜蓿还可以提高家畜的瘦肉率、产仔数和泌乳率，其鲜草可以用来喂猪，替代部分精饲料，饲喂家兔或草食家畜则可以替代更多的精饲料。同时，苜蓿的饲用方式多样，不仅可以放牧、青饲，还可以做成干草粉、青贮等，甚至可以作为冬季短缺饲料。此外，苜蓿还可以制作成苜蓿叶蛋白食品，具有很高的经济价值。

综上所述，紫花苜蓿是一种营养丰富、产量高、适口性好、饲用方式多样的优质牧草，对于提高畜禽养殖效益，促进畜牧业发展具有重要作用。

（2）营养价值

开花期收割鲜草的干物质含量为 25%~30%，最高达 35%，每公顷产干草可达 15 t 以上。干物质中粗蛋白含量高，消化率高达 70%~80%。蛋白质中氨基酸含量丰富。另外，紫花苜蓿还富含多种维生素和微量元素，同时还含有一些对畜禽生长发育具良好作用的未知促生长因子。

紫花苜蓿营养价值因其生育阶段而异。幼嫩时粗蛋白含量高，粗纤维含量低。但随着生长阶段的延长，粗蛋白含量减少，粗纤维含量显著增加，且茎叶比增大。青饲是紫花苜蓿的一种主要利用方式，每头牛每天的喂量一般为：泌乳母牛 20~30 kg，青年母牛 10~15 kg，绵羊 5~6 kg，兔 0.5~1.0 kg，成年猪 4~6 kg，断乳仔猪 1 kg，鸡 50~100 g。喂猪、禽时应切碎或打浆，且只利用植株上半部幼嫩枝叶，而下半部老枝叶则用于饲喂体形较大的家畜。青草中含大量皂苷，含量为 0.5%~3.5%，可在瘤胃内形成大量的泡沫，青饲或放牧反刍家畜时，易得臌胀病。因而青饲时，应在刈割后让其凋萎 1~2 h，放牧前先喂一些干草或粗饲料，地上有露水和未成熟紫花苜蓿草时不要放牧。

表 4-2　紫花苜蓿营养成分（占风干物质的百分比）

生育期	水分/%	粗蛋白质/%	粗脂肪/%	粗纤维/%	无氮浸出物/%	粗灰分/%
现蕾期	9.98	19.67	5.13	28.22	28.52	8.42
20% 开花期	7.46	21.01	2.47	23.27	36.83	8.74
50% 开花期	8.11	16.62	2.73	27.12	37.26	8.17
盛花期	73.80	3.80	0.30	9.40	10.70	2.00

紫花苜蓿干草或干草粉是家畜的优质蛋白和维生素补充料。但在饲喂单胃动物时，喂量不宜过多，否则对其生长不利。调制青贮饲料是保存紫花苜蓿营养物质的有效方法，青贮饲料也是家畜的优质饲料。紫花苜蓿可单独青贮，但与禾本科牧草混贮效果更好。

（二）车轴草属

红三叶（学名 *Trifolium pratense* L.）

红三叶，又叫红车轴草、红荷兰翘摇，原产于小亚细亚及欧洲西南部，公元 3—4 世纪欧洲开始栽培，1500 年传入西班牙，随后至意大利、荷兰、德国、英国、俄国，1790 年由德国传入美国，是欧洲、美国东部、新西兰等海洋性气候地区的重要牧草。我国云南、贵州、湖北、湖南、江西、四川和新疆等地均有栽培，并有野生种分布。在重庆市，红三叶主要分布于三峡库区的高海拔地区，渝东南中高海拔区域也有分布。

（1）饲用价值

红三叶饲用价值较高，草质柔嫩

图 4-6　红三叶

多汁，适口性好，多种家畜都喜食，也可以青饲、青贮、放牧、调制青干草、加工草粉和各种草产品。红三叶现蕾以前叶多茎少，现蕾期茎叶比例接近 1 ∶ 1，始花期 1 ∶ 0.65，盛花期 1 ∶ 0.46。蛋白质含量高，开花期干物质中分别含粗蛋白 17.1%，粗纤维 21.5%，粗脂肪 3.6%，粗灰分 10.2%，无氮浸出物 47.6%，还有丰富的各种氨基酸及维生素。

红三叶也是很好的放牧型牧草，放牧牛、羊时发生臌胀病也较紫花苜蓿为少，但仍应注意防止臌胀病发生。红三叶是新西兰最重要的豆科牧草，每公顷干物质年产量一般为 9 458~10 785 kg。每月割一次，集约管理的可达 6 250 kg。常与白三叶、黑麦草混种供放牧之用。红三叶草地又是放牧猪禽的良好牧场，仅次于苜蓿和白三叶。

（2）营养价值

蛋白质含量高，开花期干物质中分别含粗蛋白 17.1%，粗纤维 21.5%，粗脂肪 3.6%，粗灰分 10.2%，无氮浸出物 47.6%，还有丰富的各种氨基酸及维生素。

三、经过国家品种审定通过的重庆市国审牧草新品种

1. 重高扁穗牛鞭草

重高扁穗牛鞭草，秆粗直立；叶条带状，长约 19 cm。总状花序顶生或成束腋生；小穗成对生于各节。耐热耐低温。冬季能保持青绿。耐酸性土壤，适口性好，耐刈割。年产鲜草 18 000 kg/hm^2。种子产量低，适宜无性繁殖。1974 年采自重庆市郊湿润地的野生种引入栽培选育而成。

2. 涪陵十字马唐

十字马唐，一年生禾草，秆高 30~120 cm，多节，节部，具髯毛。叶片条状披针形，长 3~15 cm，宽 3~10 mm。总状花序约 13 枚，着生于茎顶，呈指状排列；小穗灰绿色或紫黑色，卵状披针形至长圆状披针形，2~4 个簇生于穗轴每节；第一颖微小，第二颖长为小穗的 1/3~1/2；种子成熟后呈深铅绿色。该品种株高约 150 cm，斜生。喜温暖湿润气候、耐旱、耐热、耐瘠薄。苗期耐寒性较强，籽实成熟后，受 2~3 次霜冻，植株即迅速枯萎。各类土壤均可种植，pH 值为 5~8.5 内生长正常。对氮、磷肥敏感，施用后能显著提高产草量。抗病虫力强。分蘖期生长缓慢，拔节期和孕穗期生长迅速。产草量高而稳定，每年可刈割二次，每公顷产鲜草 50 000~60 000 kg，茎叶柔软，适口性好，品质优良。

3. 巫溪红三叶

巫溪红三叶，株高 60~100 cm，最高可达 130 cm。主根明显，根系发达，60%~70%分布在 30 cm 的土层中。茎直立或斜生，具长柔毛，粗 3~5 mm 茎秆带紫色环状条纹。小叶椭圆状卵形至宽椭圆形，长 3.5~4.7 cm，宽 1.5~2.9 cm，叶面具灰白色 V 字形斑纹，下面有长柔毛。头状总状花序，花红色或淡紫红色。荚果倒卵形，含 1 粒种子，种子椭圆形或肾形，棕黄色或紫色，千粒重 1.5~1.8 g，硬实率 10%~15%。返青早，枯黄晚，青草期近 300 天。分枝多，具有较强的耐刈、耐牧性。耐贫瘠，竞争力强，在当地一些草地中常成为优势种或建群种。耐寒性较强，在大巴山区海拔 2 100 m 的平坝地，冬季气温在 –25 ℃左右仍能安全越冬。耐热性稍差，气温超过 38 ℃，生长减弱甚至枯黄死亡。再生性好，一年可刈割 5 次，每公顷鲜草产量可达 84 600 kg。巫溪红三叶最适与鸭茅、

猫尾草混播，每公顷鲜草产量可达 58 500~60 000 kg。

4. 渝苜 1 号紫花苜蓿

渝苜 1 号紫花苜蓿，豆科苜蓿属多年生草本。根系分枝比较多，分布比较浅。植株比较直立。叶色嫩绿，叶片稍大。总状花序，长 4~6 cm，花紫色；荚果为螺旋状，2~4 圈，荚果为黑褐色，荚果有种子 5~11 粒；种子肾形，黄色，千粒重 2.05 g。苗期生长较快，再生力比较强。耐湿热、抗病、持久性比较强，可耐微酸性，适宜湿热地区种植。在重庆，渝苜 1 号一年可刈割 5~6 次，干草产量 15 000 kg/hm²。初花期干物质中含粗蛋白质 22.41%、粗脂肪 2.34%、粗纤维 23.05%、无氮浸出物 44.50%、粗灰分 7.70%。

5. 渝青 385 青贮玉米

渝青 385 为重庆市农业科学院玉米研究所选育的国审青贮玉米品种，审定编号为国审玉 20200551、国审玉 20220515。幼苗叶鞘紫色，叶片绿色，叶缘白色，花药浅紫色，颖壳浅紫色，花丝浅紫色。株型半紧凑，株高 311 cm，穗位高 143 cm，成株叶片数 22 片。果穗长筒形，穗长 18.1 cm，穗行数 16~18 行，穗粗 5.4 cm，穗轴白，籽粒黄色、半马齿，百粒重 36.6 g。田间表现抗茎腐病、丝黑穗病、小斑病、抗纹枯病和大斑病。全株淀粉含量 31.45%，中性洗涤纤维含量 37.65%，粗蛋白含量 8.85%。

6. 渝青 386 青贮玉米

渝青 386 为重庆市农业科学院玉米研究所选育的国审青贮玉米品种，

审定编号为国审玉 20190041。该品种苗期长势旺，叶鞘紫色。植株高约 3.08 m，穗位高约 1.20 m，半紧凑型。全株总叶 22~23 片，收获时平均绿叶片数 13.3 片。果穗长 19.5 cm，穗行数 17.6 行，行粒数 38.5 粒。籽粒黄色、半马齿。田间表现抗茎腐病、丝黑穗病、小斑病、抗纹枯病和大斑病。黄淮海区域全株粗蛋白含量 9.14%，淀粉含量 29.30%，中性洗涤纤维含量 41.27%，酸性洗涤纤维含量 20.19%；西南区域全株粗蛋白含量 8.36%，淀粉含量 31.91%，中性洗涤纤维含量 40.01%，酸性洗涤纤维含量 18.17%。

护草

《狗尾草》

明代　王西楼

不作人间解作花，

也曾妆点过繁华。

自从本色朝天去，

摇落西风日又斜。

　　重庆，这座位于中国西南部的山城，因其独特的地理环境和气候条件，孕育了类型丰富、种类多样的草资源。然而，随着城市化进程的加速和人为活动的增多，重庆的草资源正面临着前所未有的挑战。如何保护并修复这些珍贵的草资源，已成为摆在我们面前的一项紧迫任务。

　　本篇章聚焦于重庆草资源发展所面临的挑战及其保护与修复技术两大议题。在发展过程中，重庆草资源遭遇了自然灾害的侵袭、人为活动的负面影响，以及社会公众保护意识淡薄等难题。为应对这些挑战，研究采取了低干扰自然保育、适度人为干预保护及提升社会层面保护意识的策略。同时，从技术措施角度，本篇章分别从城市草坪与天然草地的保护与修复两个层面，深入探讨了草资源保护的具体技术手段。草是地球的皮肤，保护草就是保护地球。草覆盖了广袤的大地，不仅为生物提供了生存的环境，更在维护生态平衡、净化空气、保持土壤水分等方面发挥着无可替代的作用。保护草就是保护地球的绿色屏障，就是守护我们共同的家园。每一株草都是生命的象征，它们的存在让我们的世界更加生机勃勃。让我们共同珍爱这片绿色的皮肤，用行动守护地球的健康与美丽。

第五章　草资源面临的挑战

　　草地是地球的皮肤，每一株草就是皮肤上的毛细血管。它们不仅在地球表面形成了一层绿色的覆盖，还通过根系深入土壤，为地球的生命系统输送着养分和水分。草地如同地球的保护层，它们稳固土壤，减缓水流，调节气候，保护生物多样性，维护生态平衡。然而，随着全球气候变暖，高温热浪、强降雨、洪水、冰川融化、陆地干旱、荒漠化、水分蒸发、水土流失等现象越来越严重。据联合国政府间气候变化专门委员会（Intergovernmental Panel on Climate Change，IPCC）在2021年发布的第六次评估报告中阐述，全球变暖的总升温很可能在未来20年内达到1.5 ℃左右。一个更炎热的未来已不可避免，这导致了自然灾害的频发，不仅威胁着人类的生存和生活，也给草地资源带来了巨大的损害。

　　每天，世界各地的草地都在不断减少，而中国的草地面积也在急剧下降。在重庆，尽管草地资源总量众多，但它们分布在丘陵山地地区，单块面积不大，零散分布。重庆的草地主要属于喀斯特地貌，岩溶化程度高，水土流失普遍，部分草地正面临退化、石漠化等问题，而且这一趋势还在逐年加剧。另外，人为的旅游开发也对部分高山草地的生态环境造成了不可忽视的影响。草地退化对生态系统的影响是显而易见的，草地在生态环境中扮演着关键的角色，拥有维持生态平衡、预防水土流失等重要功能。草地的退化会导致植被减少，从而破坏土壤的保持力，并加剧水土流失的风险。草地的退化还会导致土壤质量下降，削弱土壤的肥力和水分保持能力，影响农业生产和畜牧业发展。

因此，我们必须认识到保护草地的重要性。正如我们爱护自己的皮肤一样，我们需要爱护、保护草地，让小草们健康、可持续地生长。只有这样，草地才能充分吸收水分，保持绿色，不受疾病和损伤，均匀地覆盖在地球的表面，维护着地球健康的皮肤。这是我们每个人义不容辞的责任，也是我们对未来世代的承诺。让我们携手保护草地，共同守护我们共同的家园。

图 5-1　重庆草坡

第一节 自然灾害侵袭

当今世界，气候变暖不仅仅是一个抽象的概念，它已经成为我们日常生活中不可忽视的现实。越来越频繁的极端天气事件，如热浪、寒潮、暴雨、洪涝、干旱、山火等已成为"新常态"。尤其重庆所处的川渝地区，高温热浪、干旱事件增多。在 2022 年夏季，重庆极端高温突破历史纪录，境内 36 个区县 852 个乡镇（街道）遭受高温干旱灾害，缙云山因突发山火引得老百姓揪心关注，大火燃烧了整整 5 天后才被扑灭。在高温来袭之前，重庆刚经历降水强度大、持续时间较长的梅雨期。潮湿又高温的天气，降雨量过多反而导致草生长缓慢，甚至会发生病害。除气候变暖带来的极端天气外，随着经济全球化和城镇化的快速发展、资源要素聚集和人口密度的增加，各种灾害风险及每单位面积带给环境和社会的影响随之增加，也给草地资源带来了前所未有的挑战和考验。

图 5-2 山火过后的地表

一、暴雨洪水

受台风在中纬度地区更为活跃的影响，越来越多的暴雨洪水事件频发。土壤水分是草地植物生长和微生物活动的主要驱动力，降水能够影响土壤水分，从而调节草地生态系统的结构和功能，直接影响草地的生长和生存条件。洪水可能淹没草地，导致植被破坏和土壤侵蚀，使草地失去生存的环境。干旱则会使草地缺乏水分，导致植被枯萎、土壤贫瘠，甚至引发草地火灾。重庆具有大山区和大库区的特点，山环水绕、江峡相拥，丰富多样的自然环境，带给我们"山清水秀美丽之地"享受的同时，也暗含着些许"危机"。重庆暴雨多，地质灾害风险高，除了滑坡、泥石流和危岩崩塌等，洪水、山火也是重庆常见的自然灾害。特别在某些年份，重庆呈现气温偏高、降水偏多、灾害性天气偏重，具有区域性、阶段性旱涝突出的"三偏一突出"特征，同时还会受过境洪水和本地降水叠加的影响。在暴雨过后，地势较低的草地极易发生水涝，水涝会引起草地有害物质的积累而导致草地生态系统的紊乱，从而使草变得枯黄

图 5-3　江河岸边草

腐烂甚至死亡。因为植物长期处于水浸状态，土壤中含水量过高，缺少氧气，根系不能进行正常呼吸，导致根系腐烂而死亡。除了排除地表积水外，还应注意地下积水的排涝。暴雨后的草地，极易发生根腐病、黑斑病、锈病等病害；同时容易长青苔，青苔虽然不属于草坪病害，但能吞噬养分，不利于草坪生长，影响美观。

二、地震滑坡

中国大陆地震占全球陆地破坏性地震的三分之一，是世界上大陆地震最多的国家，地震及其引发的山体滑坡灾害损失破坏力大。重庆位于我国南北地震带中段东侧，地震活动水平相对较弱，但会受周边地区（如龙门山断裂带等）地震的震感波及影响。重庆地震具有震源浅、烈度高、震害重、易导致较为严重次生灾害等特点。地震及其引发的山体滑坡的影响远不止对土地的剧烈变动，更是对草地生态系统造成了严重的破坏。草地的土壤结构和植被覆盖因此被扰乱，使得其无法维持原有的生存条件。地震所引发的山体滑坡带动着大量的土壤和岩石向下滑动，进一步导致了草地土壤的破坏。这一过程会摧毁草地上的植被，甚至导致植被覆盖减少或完全消失。山体滑坡还会引发严重的土壤侵蚀问题，这对土壤的质量和稳定性构成了严峻挑战。这种现象可能导致水源污染和土地荒漠化等严重问题的发生。山体滑坡会改变地表和地下水流的路径和分布，影响草地水源的流向，从而影响草地植被的生长条件和水分利用。除了对土壤和水资源的影响，山体滑坡还对草地的生物多样性构成了严重威胁。许多植物和动物可能因栖息地的破坏而受到影响，甚至可能导致某些物种的灭绝。这一系列的影响因素合在一起，对草地生态系统的稳定性和功能造成了长期影响。

图 5-4　山体滑坡对草地的影响

　　2021 年，国家林业和草原局出台的相关文件对林业和草原地震灾害进行了分类和划分。这些划分涵盖了从特别重大到一般地震灾害所造成的生态系统破坏程度，并提供了相关灾害事件的应对指南。特别重大森林草原地震灾害是那些引发了广泛破坏的地震事件。地震的规模和影响造成了 5 万公顷以上的森林、草原和湿地生态系统的破坏，或者导致了大量野生动植物的死亡以及某些动植物生境的丧失。这种级别的地震灾害对生态系统的破坏程度非常严重，需要采取紧急和全面的应对措施来恢复和保护生态环境。重大森林草原地震灾害则是指那些造成了 1 万 ~5 万公顷范围内生态系统破坏的地震事件。在这种情况下，虽然灾害规模相对较小，但仍然对生态系统造成了显著的影响，可能导致严重的生境隔离现象。较大森林草原地震灾害是指那些破坏面积在 1 000~1 万公顷范围内的地震事件。这种级别的地震灾害可能导致野生动植物栖息地的破碎化问题，使得生态系统的连续性受到影响。发

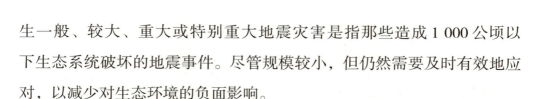

生一般、较大、重大或特别重大地震灾害是指那些造成 1 000 公顷以下生态系统破坏的地震事件。尽管规模较小，但仍然需要及时有效地应对，以减少对生态环境的负面影响。

三、火灾

　　火灾是草地面临的常见自然灾害之一，也是一种突发性强、破坏性大、处置救助较为困难的自然灾害。2022 年夏天的重庆经历了漫长的极端高温天气，由此直接或间接引发了山火，除了气象因子，易燃植物体和直接火源也是形成山火的直接因素。山火不仅影响了森林本身的茂密植被，也波及了森林下的草地。其间席卷而过的烈焰，不仅造成了生态系统的损害，还对当地生态平衡造成了冲击。引起火灾的火源通常被分为天然火源和人为火源。天然火源是在特殊的自然地理条件下产生的热源，主要包括闪电、火山爆发、陨石降落、滚石火花和泥炭自燃等。火灾会直接烧毁草地植被，破坏土壤结构，使草地面临长期的生态恢复过程。春季天干物燥，正是山林草地火灾的高发季节。枯草、落叶、树枝等看似不起眼，却作为可燃材料，为火灾提供了充足的燃料，一旦遇到火源，便容易失去人为控制，在森林内和草地上自由蔓延和扩展，给草地、生态系统和人类带来危害和损失。人为火源是指人为野外用火不慎而引起的火源，可分为生产性火源，如烧垦、烧荒、烧木炭、机车喷漏火、开山崩石、放牧、狩猎和烧防火线等；非生产性火源，如野外做饭、取暖、用火驱蚊驱兽、吸烟、上坟烧纸、小孩玩火等。人为火源还包括故意放火纵火。在人为火源引起的火灾中，以上坟烧纸、开垦烧荒、吸烟等引起的草地火灾最多。管好火源是做好草地防火工作的关键，森林草地

图 5-5　火灾后的草地充满生机

火灾不仅严重破坏森林草地资源和生态环境，还会对人民生命财产和公共安全产生极大的危害。

火灾烧毁草地上的植被，破坏生态系统的结构和功能。大量植被的烧毁会导致生态系统中关键物种的丧失，破坏生物多样性，影响食物链的稳定。火灾也使得许多野生动物失去栖息地，生存环境受到严重威胁，大量野生动物被迫逃离，甚至丧生。这对当地生态系统的平衡和生物多样性产生长期影响。火灾烧毁植被覆盖层，使得土壤暴露在外，易受风化和水流侵蚀，导致大规模的水土流失。土壤的流失不仅影响了土壤肥力和质量，还可能导致河流、湖泊等水域的淤积和污染。由于火灾引发的水土流失，大量的泥沙和杂质被冲入河流中，水质急剧下降。草地上火灾释放出大量的烟尘、灰烬和有害气体，污染空气质量，对生物健康造成威胁。

火灾也不总是给草资源带来消极的危害。火灾可能在稳定中湿热带稀树草原方面发挥着重要作用，通过防止树木建植或者杀死树木来排除森林，从而有利于草的生长。现有的草地生物群系占到了全球每年被烧毁面积的 80% 以上。热带稀树草原的植物性状与火灾史是一致的，独特的、多样的、古老的乔木和灌木群落很好地适应了不断的火灾，因为它们具有厚厚的树皮、大量的地下非结构性碳水化合物储备和促进重新发芽的芽库。除了耐火烧，许多草还能传播火。草地生物群落的生态系统功能因为产生了对火灾的适应而进化并更新迭代。

四、石漠化

石漠化是全球面临的生态问题，被称为地球的"癌症"，就像皮肤上出现的斑块。据联合国粮食及农业组织（Food and Agriculture Organization of the United Nations，FAO）发布的《草地管理和气候变化技术报告》（2010），全球 20%~35% 的草地在某种程度上已经出现退化。按所在区域、成因及表现，全球草地退化类型分为荒漠型退化、生境破坏型退化、杂草（灌木）入侵型退化、水土流失型退化、鼠害型退化、石漠型退化等。岩溶地区的石漠化危害性是相当严重的，会引起连锁的灾害效应，因为水土流失引发石漠化，引起旱涝灾害加重从而引发生态系统崩溃，或者诱发其他自然灾害，如洪涝、干旱、水土流失等。自然因素是石漠化形成的基础条件，岩溶地区丰富的碳酸盐岩具有易淋溶、成土慢的特点，是石漠化形成的物质基础，山高坡陡，气候温暖、雨水丰沛而集中，为石漠化形成提供了侵蚀动力和溶蚀条件。人为因素是石漠化土地形成的主要原因。岩溶地区人口密度大，地区经济贫困，群众生态意识淡薄，各种不合理的土地资源开发活动频繁，导致土地石漠化。

　　喀斯特石漠化地区草地退化严重，重庆是中国 8 个石漠化严重发生的地区之一，根据岩溶地区第四次石漠化调查成果，重庆市岩溶土地面积 4 873.72 万亩，占全市总面积的 39.43%，涉及 36 个区县。重庆地区的草地以白三叶、杂类草、草原老鹳草、禾本科牧草、具灌木的白茅、苔草、鸭茅、羊茅等为主，部分草地出现退化情况，产草量下降。同时也因为草地施肥等措施不当，草地土壤肥力日趋降低，加上石漠化导致土地的肥力下降，土壤贫瘠化，使得一些草地植被无法正常生长。这种土地退化影响了草地的生态系统平衡，减少了植被的覆盖面积，加剧了草地的荒漠化进程。那么，恢复退化草地迫在眉睫，其根本目标是最终

图 5-6　草地石漠化

实现草地生态系统的全面恢复，包括物种组成、结构和生态功能的恢复。

石漠化还导致水土流失加剧，地表水和地下水的储存量减少，草地地区的水资源供应受到威胁。这对于草地植被的生长和动物的生存都造成了影响。石漠化不仅影响了草地上植被的生长，还破坏了草地生态系统的完整性，减少了草地里生物的栖息地，导致物种丰富度下降，生物多样性受到威胁。

第二节　人为活动影响

一、放牧

适度放牧对土壤有积极的影响，但过度放牧会使生态系统崩溃。所谓过度放牧是在草地上放牧的牲畜密度过大，超出生态系统调节的能力。对于一个区域草场而言，面积和产草量是相对固定的，因此可以供养的牲畜也是相对固定的，放牧者应当根据牧草的再生能力确定放牧时间和放牧量。倘若不考虑这些因素而过度放牧，必然会引起土壤板结，产草量减少，造成草场退化，土地沙漠化。

重庆部分区域有较好的水热条件，草资源丰富，适合饲草资源种植，当地农民素有养殖草食性动物的传统，种草养畜效益较好，产业基础较好，草食牲畜发展稳定提升，在区域产业中占有主要地位。因此，重庆市部分区县将畜牧业作为重要农业增收产业。

畜牧业发展和土壤植物保育是一个协同平衡发展的过程，实现可持续发展尤为重要，如果平衡被打破，过度放牧会对土壤产生什么样的影响？首先，过度放牧会使畜蹄践踏土壤，使其变得紧实，不利于地表水分的渗透和保持，进而增加了土壤侵蚀和流失的风险，加剧了土壤侵蚀的程度。其次，过度放牧破坏了土壤的生物结构，导致土壤微生物和动物数量减少，严重影响了土壤的生物学性质和健康状态。此外，家畜过度采食植物，导致植被减少，凋落物归还土壤的量也随之减少，使土壤有机质大幅下降。另外，缺乏植被覆盖会增加地表风速，进而加剧了风蚀现象，成为土壤沙化的重要诱因。而植被减少也意味着对雨水的拦截能力下降，雨水直接作用于土壤表面，容易导致土壤的冲刷和破坏。此外，土壤表面覆盖物的减少也降低了土壤的保护性。

草地生态系统退化不仅包括植被群落盖度发生变化，还包括优势植物物种发生变化，牧草品质和产量下降，物种多样性的流失，进而影响生态系统的结构和功能。不能简单从草地植物的高度、密度和生物量来判断草地恢复，而是要从草地生态系统的多样性、稳定性、结构功能的完善程度建立判别标准。

图 5-7　草地生态畜牧业

二、采矿

在一些地质条件特殊的区域，如岩石丰富、地质构造活跃的地带，矿产资源丰富的地区往往也拥有丰富的草地资源。这种地域上的重叠使得矿产资源与草地资源紧密相连，形成了矿草地共存的地理格局。这些地区的矿产资源丰富度和草地资源的丰富度相辅相成，相互交织，因而在资源利用和开发中，需要兼顾保护和开发的平衡。然而，与矿产资源的丰富相对应的是对草地资源的不当开发和利用。随着矿产资源的开发利用，一些矿企为了扩大开发规模和提高效益，往往会办理征用草地相关手续，甚至进行草地的非法开垦。这种行为导致了草地资源的大面积破坏和生态环境的恶化，对草地生态系统的稳定性和可持续性构成了严重威胁。非法开垦和采矿对草地资源带来了生态与经济的双重压力的挑战。非法开垦和采矿活动对草地资源构成了严重威胁，其影响主要体现在生态系统结构和功能的破坏上。这些活动导致了大规模的土地破坏，给草地生态系统的完整性和稳定性带来了负面影响。

非法开垦活动导致了草地植被的大量清除，这对生物多样性产生了直接的负面影响。草地是生态系统中的重要组成部分，其植被的破坏会导致许多物种的生存环境丧失，进而减少了生物多样性。此外，开垦活动还会加剧土壤侵蚀的程度，导致土壤的流失和贫瘠化，进而影响草地的生态功能。同时，开垦过程中的土地变化也会扰乱水循环过程，加剧了水资源的紧缺性和不稳定性。已经受到严重水土流失、沙化、盐碱化、石漠化等问题影响的草地，难以恢复草地的生态功能。

采矿活动同样会对生态系统产生直接的影响。过度的采矿活动导致了草本植物的破坏。在采矿过程中，大面积的植被被清除，这直接导致了草地植被覆盖的减少。矿石开采过程中产生的大量废渣和废水严重污染了土壤和水源，使得周边的生态环境遭受到了严重破坏。这些污染物的释放不仅影响了当地的生态健康，还可能对生态系统的持续发展产生长期的不利影响。

　　除了对生态系统的直接破坏，非法开垦和采矿活动还给地质环境带来了挑战。开垦活动破坏了原有的土地地貌和土壤结构，加速了土地沙漠化和侵蚀的过程。采矿活动也可能引发地质灾害，如地质滑坡和塌陷，给周边居民的生命财产安全带来了巨大威胁。在经济方面，非法开垦和采矿活动也带来了严重的资源浪费和环境成本。虽然这些活动可能在短期内带来一定的经济效益，但长期来看，它们对资源的浪费和耗竭，以及对环境的破坏，都会对经济发展造成负面影响。此外，开垦和采矿活动还会增加环境治理和修复的成本，给当地经济造成了巨大的压力。

图 5-8　草地生态修复

三、除草剂使用

　　广泛地使用除草剂是人类活动对草地资源造成的显著影响之一。

化学除草成为主要手段，长期、大量、高频地施用除草剂，则带来了一系列问题，包括杂草抗药性的增加、土壤板结、作物药害的加剧以及环境污染的加重。在新闻报道中，人们频繁听到"敌草快""百草枯"等熟悉的名字，这不仅仅是简单的除草剂名称，更反映了除草剂的潜在风险。除草剂是能够使杂草完全或有选择性地枯死的药剂。在表面上，除草剂被宣传为高效、低毒、广谱、低用量的品种，且被视为对环境污染的一次性处理手段。然而，其潜在的影响远不止于此，且往往是隐匿而难以逆转的。

随着除草剂的大规模使用，草地生态系统所面临的挑战也在逐渐显现。杂草逐渐产生对除草剂的抗药性，土壤因化学物质的积累而出现板结，作物受到药剂的伤害程度不断加剧，同时环境中的污染也逐渐积累。这些看不见的影响，正悄然地侵蚀着我们生态系统的健康。

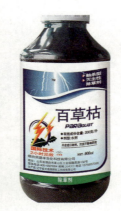

图 5-9　除草剂

过量使用除草剂会导致土壤生态系统受到严重破坏，这是一种导致土壤动物和微生物群体种类单一、个体数量大量减少的现象。正常情况下，土壤中的微生物扮演着分解有机物、循环养分和促进植物生长的关键角色。然而，过度使用除草剂会破坏这一平衡，使得在土壤中起着关键作用的微生物群体减少甚至消失，从而影响了土壤中的生态功能。除草剂的过度使用还会对植物的根系造成损害，阻碍了植物吸收水分和养分，导致植物的生长受到抑制。此外，过量使用除草剂还可能导致农作物的病虫害大量增加。一旦植物的健康受到损害，它们就更容易受到病毒、细菌和虫害的侵袭，从而加剧了农作物的生长受阻。

除草剂胁迫是指化学物质对植物生长和健康造成的负面影响。这些化学物质通常旨在控制或消除不需要的植被，即杂草。然而，在这一过程中，除草剂往往会无意中影响到非目标植物，包括农作物或其他所需植物，从而影响它们的生长、发育和整体健康状况。常见的胁迫形式及其影响包括生长迟缓、叶片失绿、坏死、叶片变形、根部损伤、生殖异常、生理压力、水分失衡、易受疾病和害虫侵害、对环境胁迫的敏感性，以及一些除草剂具有的残留活性和持久性。这些不良影响可能包括限制植物的基本代谢过程、破坏光合作用、影响根系吸收养分和水分、干扰生殖过程等。最终，这些影响将直接影响植物的生长和生存，可能导致产量下降、品质受损，甚至植物的死亡。

第三节　社会公众意识

　　在当今社会，草地保护的重要性日益凸显。然而，人们对于这一议题的认知与重视程度却远未达到应有的水平。

　　草地，作为地球上最为普遍的生态系统之一，其存在和作用远不止我们日常所见的那般简单。在郊外的牧场上，茂密的青草是牲畜们的食物来源，也是农民们生计的依托；在城市的公园里，翠绿的草坪是人们休闲娱乐的场所，更是城市生态的绿色长廊；在农田间的稻田旁，茁壮的草丛则承载着丰收的希望，守护着农民们的劳动成果；草地如同一幅画卷，为人们的生活增添了无尽的美好与可能……这些看似平凡的草地背后，隐藏着复杂而微妙的生态系统，因此，草地不仅是植物的家园，更是许多生物的栖息地。在茂密的草丛中，各种昆虫、鸟类、小型哺乳动物等生物繁衍生息，构成了丰富多彩的生物群落。草地还具有重要的生态功能，能够保护土壤、减少水土流失，维持地表的稳定性和肥沃度；同时，草地还能够调节气候、净化空气，为人类提供清新的氧气和美丽的景观。

一、保护草的意识不足

　　随着人类活动的不断扩张和环境的日益恶化，草地面临着日益严峻的挑战。过度放牧、城市化进程加快、工业污染等因素导致草地退化和生态失衡的现象愈发严重。草地生态系统的脆弱性也在不断暴露，一旦受到破坏，恢复的时间和成本往往十分庞大。我们对草地保护的认识和重视都还不够，在增强对草地保护的认知和重视方面，宣传教育是至关重要的一环。然而，当前的宣传教育工作在草地保护领域相对薄弱，宣传渠道有限，覆盖面较窄。很多人对草地的认知依然停留在表面，缺乏对草地生态系统复杂性和脆弱性的深入了解。

对草资源的教育宣传力度不够，体现在以下几个方面。首先，草地保护的宣传教育缺乏足够的资金和人力支持。相比于其他环保领域，草地保护并没有得到足够的重视和投入，导致宣传教育工作的开展受到了限制。

其次，宣传渠道的单一性也是造成宣传教育不足的原因之一。目前，主要的宣传渠道仍然以传统媒体为主，如电视、广播等，而新媒体平台的利用还不够充分。随着社交媒体的兴起，我们应该更加重视在互联网上的宣传教育工作，利用微博、微信、抖音等平台，拓展宣传渠道，增加覆盖面。另外，草地普法宣传活动未深入到草地、草场、草原、牧区等，没有现场开展法律知识普及宣传的活动，只是悬挂一些警示牌，宣传效果不明显。

图 5-10　爱护草的标识语

宣传教育的内容和形式也需要不断创新和提升。现有的宣传教育内容往往过于单一，缺乏足够的吸引力和感染力。我们可以通过制作生动有趣的宣传片、举办有趣的宣传活动、设计创新的宣传海报等方式，吸引更多人参与到草地保护的宣传教育中来。

草地保护的宣传教育还需要加强与相关部门和机构的合作。政府部门、学校、社区组织等都是宣传教育的重要对象。尤其是学校，需要培养学生的草地保护意识，以及良好的习惯。我们需要组织更多的草地保护活动，如教育学生们不要随意践踏草坪、乱扔垃圾，保持草坪的清洁，不随意采摘花草，尊重草坪上的植物。

对草资源的保护与管理力度不够，体现在以下几个方面。草地资源的管理机构扮演着至关重要的角色。草资源也是我们的自然资源资产，在其开发利用保护过程中出现权益不明晰、监管保护制度不健全等问题。各级管理机构之间缺乏有效的协作与沟通，导致草资源的保护乏力、开发利用粗放、生态退化较为严重。应当建立起跨部门的联合机制，让不同层级的管理机构能够共同协作、信息共享，从而更有效地推动草地保护事业的发展。

草地保护管理人员的素质和数量也是至关重要的。然而，目前很多地区的草地保护管理人员仍然面临着培训不足、专业素养不高等问题。他们需要具备丰富的草地生态知识、细致的管理技能以及扎实的工作责任心。只有这样，才能更好地保护和管理草地资源。

草地保护事业缺乏完善的法规政策也是制约其发展的重要因素之一。现行法规政策对于草地保护的规定相对模糊和不足。当前的法律法规中，往往将草地保护与其他生态保护事业混为一谈，没有专门针对草地的保护政策和措施。这导致在实际操作中，对于草地保护的法律依据和执行标准缺乏明确指引，容易造成保护工作的滞后和不到位。

图 5-11　保护草地公共宣传

　　法规政策的执行力度不够，监管体系不健全。即使存在相关的法规政策，但在实际执行中却缺乏有效的监督和管理机制。一些地方政府部门对于草地保护的重视程度不够，监管力度不足，导致一些草地保护区域面临着违法开发、非法破坏的情况。此外，法规政策的完善和修订也存在滞后性。随着社会经济的快速发展和城市化进程的加快，草地保护面临着新的挑战和问题，需要及时调整和完善相应的法规政策，完善草地保护修复制度、推进草地治理体系和提高治理能力。

二、对草的认识不足

　　目前，我们对草的认识不足主要体现在尚未摸清家底、建库立档、实时监测、科普教育和社会实践等方面。摸清家底意味着了解草地资源的真实情况，包括种类、权属、面积、分布、生长状况、质量以及利用状况等底数，建立草地管理基本档案等。然而，目前很多地方对于草地资源的调查和评估工作并不完善，缺乏系统的调查统计数据，使得我们对于草地资源的认知程度大打折扣。缺乏草地调查体系，草地调查制度不完善，草地调查队伍也未得到整合，草地调查技术标准体系不健全。可以在第三次全国国土调查基础上，组织开展草地资源专项调查，全面查清草地资源。

建库立档是指建立草地资源的数据库和档案，记录和管理草地资源的相关信息。由于对于草地资源的重视程度不够，很多地方并未建立起完善的草地资源档案系统，草地资源的管理和保护工作难以有据可依。

实时监测草地资源并持续不断地对其进行监测和评估，以便及时了解其动态变化。目前还存在草地资源监测评价队伍、技术和标准体系的不完善，监测手段和技术的滞后等问题，导致难以满足对草地资源实时监测的需求。虽然遥感卫星影像等数据资源已在各个领域得到应用，但在草地资源监测方面却未被充分利用。尚未建立起空天地一体化的草地监测网络，同时缺乏草地监测评价数据汇交、定期发布和信息共享机制。为了更全面、数字化、直观地认识草地资源，需要加强草资源统计，并完善统计指标和方法，以获得全面的数据支持。

在社会公众的宣传中，草地资源的重要生态、经济、社会和文化功能未能被广泛宣传。草地作为生态系统的重要组成部分，其作用和价值经常被忽视，导致公众对草地的认知水平较低。草是生态系统的初级生产者之一，通过光合作用将太阳能和无机物转化为有机物，为草食动物提供初级产品，对维持生态系统的物质循环、能量流动以及维护生态系统的良性循环起着基础性作用。在幼儿甚至小学的基础课本中相关内容不够丰富，专业性不够强，相关内容如植物学知识存在于初中、高中的生物教材中。

图 5-12　保护草从娃娃抓起

　　同时，草资源具有多功能性，是可再生的自然资源，其经济价值体现在畜牧业、野生动植物、草地生态旅游、能源资源等方面。然而，在资源价值转换的过程中，大众往往将草视为理所应当的消耗品，忽略了其发挥经济价值的重要特征。草资源还包含着许多药用植物，提供了多种珍稀的芳香材料，但是大众对药材与草的认识却非常有限，或者很少将其关联在一起。

　　草地资源的社会实践也非常缺乏，相关的社会实践机会和识草平台少之又少，很多人对于草地的保护工作也只停留在口头上，缺乏实际行动支持。

三、草的研究不足

我们对草的研究不足主要源自科研人员的匮乏以及技术措施的滞后。这些因素导致了我们对草地生态系统的理解和保护工作面临着诸多困难和挑战。2022年8月刊的《科学》杂志刊登了草类专题报道，着重指出了目前草类研究的匮乏，并强调了草地被忽视的价值。草地生物群系庇护着独特而多样的动植物，它们经过千百万年的进化适应了环境。它们的生物多样性和经济地位却没有得到足够的研究和重视。草地具有极其重要的生态功能和生产功能，对于自然气候变化的解决方案、提升生态系统的保碳增汇能力，以及全球生态安全和食物安全的保障都具有重要意义。然而，实现这些目标需要大量的科研投入。

草生态系统本身是一个复杂而庞大的系统，涉及植物学、生态学、土壤学等多个学科领域。因草生态系统的特殊性和复杂性，需要有更多的科研人员投入到相关研究工作中去，深入探究草的物种组成、生态功能、生态过程等方面的规律。然而，目前科研人员的数量相对有限，这对草生态系统的研究工作造成了一定的制约。

技术措施的落后也是导致我们对草的研究不够的重要因素之一。随着科技的发展和进步，各种先进的技术手段被广泛应用于生态环境监测、数据分析、模拟模型等方面，为我们认识草地生态系统提供了强大的支持和保障。然而，由于技术措施的落后，制约着研究工作的开展，无法充分发挥技术手段在草地草原保护和修复中的作用。不同原因造成了草地退化类型多样化，意味着草地草原生态系统修复没有"一招鲜"的技术。草地草原退化类型的多样性意味着不同类型的草地草原退化问题需要采取不同的治理和修复措施，而且在实际操作中还可能存在相互交织、相互影响的情况，增加了草地草原生态系统修复的难度和复杂性。

因此，迫切需要更多的技术支撑和系统的解决方案，以应对不同类型的草地草原退化问题，实现草地草原生态系统的修复和保护。

图 5-13　石漠化草地生态保护与修复技术研究项目组现场作业

第六章　草资源保护策略

　　重庆地区是典型的多山丘陵地带，因城市开发建设和人类活动，草资源主要分布于山地边坡区域。在草资源保护上，我们需要从自然修复、人为干预和社会保护三方面综合施策。自然修复策略强调遵循自然规律和生态法则，通过恢复和保护草地生态系统，防治鼠虫害，建立退化草地综合修复体系，促进草资源的自然更新和恢复。这包括加强对草地退化区域的生态修复，减少人为干扰，确保草资源的自然生长和繁衍。人为保护策略则侧重于科学管理、加强保护技术研究和完善基础设施建设三方面。通过推广先进的草地管理技术和方法，如合理放牧、草畜平衡等，减少过度放牧和不合理利用对草地的破坏。同时，还需加强草地火灾和病虫害的防控，确保草资源的健康和安全。社会保护策略注重提高公众对草资源保护的认识和参与度，完善法规政策，以及健全人员机构和监测体系三方面。通过宣传教育、政策引导和社会监督等手段，增强公众对草资源保护的意识，形成全社会共同保护草资源的良好氛围。此外，也需加强国际合作与交流，共同应对全球草资源保护面临的挑战。

第一节　自然修复策略

一、自然修复的内涵与方法

（一）自然修复的内涵

自然修复是指依靠自然的力量和生态系统的自我调节能力来修复环境。按照草地植物的自然分布规律及生长特点，采取封育、禁牧、休牧等较少人为干预措施，促进退化草地植被恢复的方法。这种方法旨在通过模拟自然的恢复过程，帮助草地生态系统逐渐恢复到其原有的生态功能和生产功能。

图 6-1　围栏封育

（二）自然修复的方法

自然修复方法主要是采用近自然修复策略，对重度、极重度石漠化区域，采取轻度人为干扰、植被自然生长等方式实现自然恢复。

1. 封育

封育是将石漠化草地封闭，禁止割草、放牧、采集牧草种子等人为干扰，使草地以自我的恢复能力进行修复。根据草地石漠化程度可采取季节性封育、短期封育（小于 10 年）和长期封育（大于 10 年）。封育区域可设置围栏保护。

2. 禁牧

禁牧是对过度放牧利用的草地或打草场等特殊利用的草地，以年为单位，采取政策性、政令性及制度性等措施，实行 1 年以上禁止放牧利用。以草地初级生产力、植被盖度、当地草地的理论载畜量作为解除禁牧的主要参考指标。禁牧区域可设置围栏保护。

3. 休牧

休牧是对轻、中度石漠化草地，在春季植物返青期或夏末秋初，通过设置围栏或其他方式管理家畜进入，以当地植物物候期确定开始和结束休牧的时间或采取轮牧的方式进行，休牧期一般不少于 45 天。休牧区域可设置围栏保护。

二、重视草资源生态功能的恢复

（一）草地的生态功能

草地的生态功能主要包括涵养水源、防风固沙、保持水土、净化空气、调节气候以及维持生物多样性等，可见草地生态功能具有多样性。自然恢复指的是利用自然的力量进行植被恢复的方式，在破坏程度较轻且较为稳定的草地生态系统中比较适用。这一措施的核心任务是做好对生态环境和水循环的保护，避免在需要进行植被恢复的草地上进行开垦或生产工作。

图 6-2　湿地草

（二）应对极端气候变化

近年来，气候变化导致全球范围内干旱事件的发生频率、持续时间及严重程度增加，气候温度升高，降水量减少使得草地出现石漠化现象，土壤养分流失干旱化，加剧水分对草甸植物的胁迫，影响植株的正常生长。围栏封育是进行生态修复、去除外界干扰、进行自我修复的措施，保证草地有足够的营养积累，恢复草地生产力。围栏封育对恢复退化草地盖度、频度、密度和物种丰富度有明显的效果。封育 3 天左右，地上生物量、植物重要值及物种多样性达到最大值，植被群落结构特征趋于稳定，草地植被和生态环境基本恢复正常。长期的围栏封育能够显著提高草地的碳氮贮存量。围栏封育还能够提高草地的土壤肥力。围栏封育措施具有省时省力、显著增加草地植被覆盖度和牧草产草量、有效控制土壤养分流失、改善土壤结构和营养状况的特点。封育可以直接阻止草地内人类活动影响，有效提高草甸植被生产力，减少土壤养分的流失，减缓草甸退化速度。

（三）合理控制放牧

围封禁牧、延迟放牧和划区轮牧是针对过度放牧造成的草场退化的主要自然恢复措施。禁牧减少了牲畜对草原植被的啃食，有利于保护草地。通过研究内蒙古草地春季禁牧对植被的影响，发现禁牧区内草地盖度、高度及植被的多样性均高于自由放牧区。春夏季放牧会使适口性牧草种类减少，而在冬季放牧，则各生活型草地牧草的物种及生长量高于春夏季放牧的情况。在暖季限时放牧可以提高草场植被的多样性指数、

图 6-3　围栏封育与放牧

均匀度指数和物种丰富度指数，草产量也会显著提高。冬春季禁牧能够有效保护植物新萌发的芽和幼嫩茎叶，是维护草地的多度、盖度、物种多样性的一项重要措施。不同放牧强度草地在休牧后土壤养分和植物群落变化呈现不同特征，草地休牧时间过长，导致土壤养分降低，物种丰富度、多样性和适口性牧草减少。因此，根据草地类型和牧草生长状况严格控制放牧频率、季节和时间，进行适度休牧，以实现合理利用和保护草场资源。

在退化程度较轻，土壤种子库和地下芽库充足的情况下，草地在去除放牧后的 3~5 年可以基本恢复。但是对于中度和重度退化的草地，仅依靠自然恢复，进程会十分缓慢。在中国科学院内蒙古草地站 1983 年建立的退化恢复样地，通过围封使其自然恢复，但围封了 40 年，草地的结构也没有恢复到退化前的状态。模型模拟研究认为，青藏高原的黑土滩在围封条件下恢复需要 50 年以上；而在放牧条件下，黑土滩的恢复则需要 115~500 年。因此，严重退化草地，由于其退化程度超过了自然恢复的阈值，完全依靠自然恢复，需要等待很长时间。

第二节 人为干预策略

一、人为干预的内涵与方法

（一）人为干预的内涵

人为干预草资源修复是通过科学手段改善草地生态环境，恢复草地植被的过程。其包括补播草种、土壤改良、控制有害生物等措施，旨在增加草地的生物多样性和生产力，提升其生态服务功能。通过精准管理，人为干预能有效修复受损的草地生态系统，维护生态平衡，实现草地资源的可持续利用。

（二）人为干预的方法

在草资源保护的实践中，我们需要特别关注三个方面的保护内容：合理控制除草剂应用、加强保护技术研究以及完善基础设施建设。

合理控制除草剂的应用是保护草资源的重要一环。除草剂的使用虽然能迅速控制杂草的生长，但过量使用或不当使用会对草资源造成严重的负面影响，因此，制订严格的除草剂使用标准十分重要。根据草地的实际情况和生态需求，科学合理地选择和使用除草剂，既能有效防治杂草，又能减少对草资源的损害。

加强保护技术研究是保护草资源的核心。随着科技的不断进步，我们需要不断研发新的保护技术，提高保护效率。例如，通过生物防治、物理防治等绿色防控技术，减少对化学除草剂的依赖；通过基因编辑、植物育种等技术，提高草资源的抗逆性和适应性，从而增强草资源的自我保护能力。

完善基础设施建设是保护草资源的必要保障。建设和完善草地保护设施，如草地围栏、灌溉设施、防火设施等，提高草地的保护能力。同时，加强草地的监测和监管，建立完善的草地保护管理体系，确保草资源的合理利用和保护。

图 6-4　选择合适的草种修复草地

二、科学管理除草剂使用

在农业生产中，除草剂的广泛使用对草资源造成了严重的破坏。除草剂的残留不仅影响草种的生长和繁殖，还可能导致草地生态系统的退化，对农业可持续发展构成威胁。因此，如何应对除草剂对草资源的破坏，保护草资源的可持续利用，成为当前亟待解决的问题。

（一）除草剂对草资源的破坏现状及成因分析

1. 破坏现状

　　除草剂的广泛应用导致了草资源的严重破坏。一方面，除草剂的残留会抑制草种的生长和繁殖，导致草地生物多样性降低，草种数量减少；另一方面，除草剂的长期使用会破坏土壤结构，降低土壤肥力，进而导致草地生态系统的退化。此外，除草剂还可能通过食物链进入动物体内，对畜牧业发展造成潜在威胁。

2. 成因分析

　　除草剂对草资源的破坏主要源于以下几个方面：一是农民对除草剂的过度依赖和滥用，缺乏科学使用意识；二是除草剂市场监管不力，存在非法生产和销售现象；三是绿色防控技术推广不足，农民缺乏替代技术的了解和掌握；四是科研支持不够，缺乏针对除草剂残留检测和处理的先进技术。

图 6-5　除草剂应用造成的草地破坏

（二）应对除草剂对草资源破坏的措施

1. 加强除草剂市场监管

政府应加强对除草剂市场的监管力度，制定严格的法规和标准，规范除草剂的生产和销售行为。同时，加大对违法行为的处罚力度，提高违法成本，形成有效的约束机制。此外，还应建立除草剂使用登记制度，对农民使用除草剂的情况进行监管和追踪，确保除草剂的合理使用。

2. 推广绿色防控技术

为了减少除草剂的使用，应大力推广绿色防控技术。这包括生物防治、物理防治等多种方法。生物防治可以利用天敌昆虫、微生物菌剂等手段来控制杂草的生长；物理防治则可以通过机械除草、覆盖除草等方式来减少杂草的数量。这些绿色防控技术不仅环保安全，而且能够长期有效地控制杂草，减少对草资源的破坏。

3. 提高农民环保意识

农民是农业生产的主体，他们的环保意识直接影响除草剂的使用情况。因此，应加强对农民的环保宣传教育，提高他们的环保意识。通过举办培训班、发放宣传资料等方式，向农民普及除草剂对草资源的危害和绿色防控技术的重要性，引导他们科学使用农药，减少除草剂的使用量。

4. 加强科研支持

科研支持是应对除草剂对草资源破坏的重要保障。应加大对除草剂替代技术、残留检测技术等领域的科研投入，研发出更加环保、高效的草地管理技术和产品。同时，加强与高校、科研机构的合作，推动科研

成果的转化和应用，为农民提供科学、实用的技术支持。

5. 实施草地生态修复工程

　　针对已经受到除草剂破坏的草地，应实施生态修复工程。通过补播草种、施肥改良土壤等措施，恢复草地的生态功能。同时，加强草地生态系统的监测和评估，及时发现并解决潜在问题，确保草地的健康可持续发展。

图 6-6　江岸草坡生态修复工程

6. 建立草资源保护长效机制

　　为了从根本上解决除草剂对草资源的破坏问题，应建立草资源保护长效机制。其包括完善相关法律法规，明确草资源保护的责任和义务；加强部门协作，形成草资源保护的合力；鼓励社会参与，发挥社会各界在草资源保护中的积极作用。通过这些措施，建立起一个全面、有效的草资源保护体系。

　　应对除草剂对草资源的破坏是一个复杂而艰巨的任务，需要政府、科研机构、农民等多方共同努力。通过加强监管、推广绿色防控技术、提高农民环保意识、加强科研支持等措施的综合应用，可以有效减少除草剂的使用量，降低对草资源的破坏程度。同时，实施草地生态修复工程和建立草资源保护长效机制，可以进一步促进草资源的可持续利用和生态系统的平衡发展。

在未来的工作中，我们还应继续关注除草剂对草资源影响的最新研究进展，不断完善和优化应对措施。同时，加强国际合作与交流，借鉴其他国家和地区的成功经验，为我国草资源的保护和管理提供更多的思路和方法。相信在全社会的共同努力下，我们一定能够实现草资源的可持续利用和农业的绿色发展。

三、加强保护技术研究

草资源技术保护是一个综合性强、涉及面广的领域，主要包括三个关键部分。首先是草本植物保护技术研究，这涉及对各类草本植物生长特性的深入研究，以及针对其可能遭遇的病虫害、环境胁迫等因素制定有效的保护措施。其次是草地资源修复技术研究，随着人类活动的频繁，草地资源遭受破坏的情况屡见不鲜，因此，研究如何修复受损的草地，恢复其生态功能，对于维护生态平衡至关重要。最后是草资源监测体系研究，通过构建完善的监测网络，对草资源的数量、质量、分布等进行实时跟踪和评估，为科学管理和合理利用草资源提供数据支持。这三部分共同构成了草资源技术保护的核心内容，对于保护草地生态系统，促进可持续发展具有重要意义。

（一）草本植物保护技术研究

1.草本植物保护专利概述

　　近年来，草本植物保护专利的申请和授权数量不断攀升，为草本植物的保护与利用提供了强有力的技术支撑。草本植物保护技术和相关设施不仅可以应用于病虫害防治和遗传改良，也可以应用于食品、化妆品等经济产业，拥有较高的生态价值和社会经济价值。

　　草本植物保护专利主要涉及草本植物的种植、养护、病虫害防治、遗传改良以及综合利用等方面的技术创新。这些专利不仅涵盖了草本植物保护的基础理论和技术方法，还包括了具体的应用实践。通过专利的申请和授权，可以有效保护创新成果，促进草本植物保护技术的推广和应用。

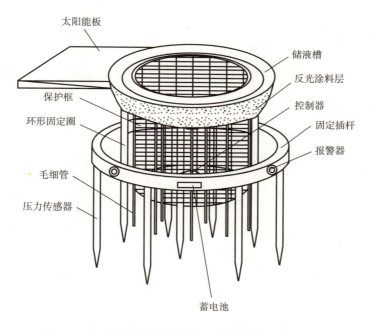

太阳能板
储液槽
反光涂料层
保护框
控制器
环形固定圈
固定插杆
报警器
毛细管
压力传感器
蓄电池

图 6-7　一种珍稀濒危草本植物的保护报警装置

珍稀濒危草本植物的保护报警装置包括保护框、固定施肥浸湿结构以及报警结构，固定施肥浸湿结构包括储液槽以及多根与储液槽连通的毛细管，储液槽固定围设于保护框的顶部外侧，储液槽的外侧壁上设置有反光涂料层，一侧上设置有太阳能板，报警结构包括环形固定圈以及间隔均匀连接于环形固定圈底端的多根固定插杆，环形固定圈的外侧壁上凸出嵌设有压力传感器和报警器，环形固定圈的内侧壁上嵌设有蓄电池和控制器。该珍稀濒危草本植物的保护报警装置，不仅安装方便，具有报警驱赶野生动物以及野外定位的功能，还具有收集雨水或者存储营养液的功能，进而可以对草本植物长期缓慢供水或营养液，辅助其生长。

2. 草本植物保护专利应用现状

（1）专利申请与授权情况

从专利申请和授权情况来看，草本植物保护专利的数量呈现出稳步增长的趋势。这主要得益于国家对科技创新的大力支持以及草本植物保护领域技术创新的不断涌现。同时，专利授权率的提高也表明草本植物保护专利的质量得到了有效提升。

（2）专利技术分布情况

在专利技术分布方面，草本植物保护专利涵盖了多个技术领域。其中，病虫害防治技术、遗传改良技术以及综合利用技术是草本植物保护专利的主要领域。这些技术领域的专利数量较多，技术水平也相对较高。

病虫害防治技术方面的专利主要涉及生物防治、物理防治和化学防治等方法。这些技术方法的应用，有效降低了草本植物病虫害的发生率和危害程度，提高了草本植物的产量和品质。

遗传改良技术方面的专利则主要关注草本植物的基因编辑、种质资源创新以及新品种培育等方面。通过遗传改良技术的应用，可以培育出具有优良性状、抗病虫害、适应性强的草本植物新品种，为草本植物的种植和利用提供更多的选择。

综合利用技术方面的专利则主要关注草本植物在医药、食品、化工等多个领域的应用。通过综合利用技术的应用，可以充分发挥草本植物的经济价值和生态效益，促进草本植物产业的可持续发展。

（3）专利实施与转化情况

在专利实施与转化方面，越来越多的草本植物保护专利得到了实际应用和转化。一些具有创新性和实用性的专利技术被广泛应用于草本植物的种植、养护和综合利用等领域，取得了显著的经济效益和社会效益。同时，一些高校和科研机构也积极与企业合作，推动草本植物保护专利的转化和应用，加速了草本植物保护产业的发展。

综上所述，草本植物保护专利的应用情况呈现出积极的发展态势，但仍须克服诸多挑战。通过加强技术创新、推广应用和专利保护等工作，相信草本植物保护产业将迎来更加美好的未来。

（二）草地资源修复技术研究

1. 人为干预修复技术概述

（1）人工促进自然修复

通过采取土地整治、补播、补植等人为干预和辅助措施，加速和促进石漠化草地的自然恢复过程。这种修复方式的核心在于利用人工手段为草地恢复提供必要的条件和支持，同时尽可能地减少人为干预，让草地生态系统在自然规律的引导下进行恢复。

对中度石漠化区域，采取土壤改良、优良草种及适当管护等措施促进植被生长。

（2）人工修复

通过采取土地整治、植被恢复、水资源管理、土壤改良等人为干预和措施，对退化或受损的草地生态系统进行修复和改善，以恢复其生态功能和生产功能。

（3）工程修复

采用坡改梯工程、建田间生产便道、建蓄水池、建引水渠、建沉砂池等工程措施。

图 6-8　草地改梯工程

2. 城市草坪修复技术

（1）重建技术

①区域原生草种和土壤表层清理。

以重庆市大型综合公园草坪修复为例。首先，应清除草坪原生长势较差的景观草种，同时清除杂草、地表的碎石和瓦砾等杂物。其次，选用针对性强、安全无毒的药剂对土壤进行消毒，杀灭土壤中病菌、线虫和其他有害生物。针对酸度或碱度较重土壤、土壤板结和保水性差等问题，在土壤中加入改良剂以调节土壤的通透性和提高保水保肥能力。针对坪床板结的问题，在平整场地过程中，拌入泥炭土进行土壤改良，施用量一般为覆盖 3~5 cm 或 3~5 kg/m^2，并均匀拌土至少 5 cm。最后，在土壤中施入有机肥 15 g/m^2，对于黏性土壤增施草炭土进行改良。

图 6-9　公园草坪

②种植层铺设。

铺设种植层是快速恢复草坪景观的一种方式。坪床工作建设完成后，在春季日均温稳定超过 15 ℃时进行铺植。将适合重庆地区湿热气候、景观效果良好的草坪草皮整齐紧密地铺满坪床。选用草坪块或草坪卷铺设，应注意周边平直整齐，并与种植土紧密连接，不留空隙。铺设后，应滚压、拍打、踏实，及时浇水以保持土壤潮湿。

③秋季多年生黑麦草交播与管理。

10月中旬在暖季型草坪上播种多年生黑麦草。交播后，在种子萌发以及苗期，保持坪床湿润，时刻监测幼苗病害，适时进行修剪和施肥。交播后至多年生黑麦草长至2~4片叶时施入氮磷钾复合肥；待长至7~8 cm时进行第一次修剪，修剪高度5 cm左右；注意越年生杂草如荠菜、猪殃殃等发生，在其出苗15天以后健壮生长期可使用淇林圆消除草剂进行防除；其间进行定期浇灌，以保证正常生长的需水量。

图 6-10　黑麦草草坪

（2）改良技术

针对局部区域原生草坪植被清除及坪床准备，清除地面所有原生草种、茎秆较粗的杂草、瓦砾、碎石等；针对退化草斑，将损伤严重的草皮铲掉。在上述工序完成后，修整地面呈一定坡度，并铺设无纺布或塑料布过滤层。将野外可耕作土掺杂松散混合物作为上层种植土。

（3）局部退化草坪补植修复

针对局部退化草斑区域进行草皮补植修复。对整平的局部退化地块进行翻土施肥；滚压坪床、铺植健壮草皮，保证周边应平直整齐，并与种植土紧密连接，不留空隙。铺设后应滚压、拍打、踏实，铺后2~3周内保证水分供应充足。

（4）草坪杂草防除

针对较为高大、茎秆粗壮的杂草，如白茅、香附子、飞蓬等进行人工拔除。针对草坪面积大且杂草矮小的区域，如早熟禾、马蹄金等使用啶嘧磺隆、坪莎、阔勤、炬灰等除草剂防除。在播草坪种子之前，提前对土壤进行灌水处理，使土壤中的杂草种子提前萌发，有利于人工或化学防除。

图6-11　养护管理

3. 天然草地修复技术

以千野草场石漠化草地修复为例。在天然草地修复工作中，基于生态系统综合管理理论、生态系统服务及其权衡协同理论、人地和谐共生理论等理论基础，作为研究基础。在充分调研基础上，分析千野草场各个区域生态要素现状及问题，评估生态系统服务功能重要性和生态系统敏感性，依据不同区域存在的问题，有针对性地实施生态保护与修复工程。以此，形成多部门跨区、多要素综合、多渠道协作、多目标耦合的联动治理模式。

图 6-12　草地石漠化

（1）全垦重新铺草皮或全播方式进行修复

主要针对千野草场因盐肤木、巴茅、蒿草等杂灌侵入，基本丧失草地特征的区域，开展全垦并重铺草皮或全播进行草地生境修复。

（2）补播修复

主要针对因有害物种侵入和过度践踏，草场部分区域呈不规则状退化，其修复方式为，首先将原有的退化草皮和杂草铲除，然后深挖土壤，深挖土壤厚度超过 25 cm，深挖的同时将杂草根清除，然后把土块拍细，抹平、浇水，使土壤保持湿润状态，再均匀撒播按比例配制好且进行催芽处理后的草种，并覆盖 0.5 cm 左右的细土（沙质壤土）或河沙，平整、压实后浇透水，在种子出苗前始终要保持土壤湿润。补播所用的种子配比应与初播所用的种子比例一致。

（3）改换草种修复

针对石漠化草地和小型湿地共存的区域，选择合适草种重新种植草坪，充分发挥草地生态、社会和经济综合效益。千野草场麻坪片区有小片高山湿地，零星分布唐菖蒲草种，周围非湿地部分自然生长一些其他草种，为修复湿地生态，营造湿地景观，种植香蒲、鸢尾和菖蒲等水生景观植物，并在其周围进行全垦作业后，换种粉黛乱子草，形成新的旅游景观。

图 6-13　修复后的草坡

4. 城市草坪草种推荐

（1）狗牙根

狗牙根（学名：*Cynodon dactylon*）喜温暖湿润的气候，不耐寒冷，气候寒冷时生长差，容易受到霜害。在日平均温度 24 ℃以上时，生长最好。当日平均温度下降至 6~9 ℃时生长缓慢，叶片开始变黄；温度在 −3~−2 ℃时其茎叶死亡；温度达到 −14.4 ℃时，地上部绝大多数凋萎，但地下部分仍可存活，至翌年春天转暖时，很快萌发生长。在我国南方一般在 3—4 月萌发，6—8 月生长旺盛，11 月后渐枯，青草期在 8 个月以上，生育期为 250~280 天。

狗牙根营养繁殖能力强，匍匐茎接触地面后，每节都能生根，能增强抗旱能力，但由于根系入土比较浅，因此长时间干旱会影响其生长。栽培在灌溉方便或湿润地，生长较好。适应的土壤范围广，各种土壤均能生长，但以湿润且排水良好的中等到黏重的土壤上生长最好。在温暖多雨的 4—8 月，肥料充足的情况下，新老匍匐茎在地面上互相穿插，交织成网相互支撑，短时间内即能成坪，形成占绝对优势的植物群落。

图 6-14　狗牙根

（2）沟叶结缕草

沟叶结缕草［学名：*Zoysia japonica*（L.）Merr.］是多年生草本。具横走根茎，须根细弱。秆直立，高 14~20 cm，基部常有宿存枯萎的叶鞘。叶鞘无毛，下部者松弛而互相跨覆，上部者紧密裹茎；叶舌纤毛状，长约 1.6 mm；叶片扁平或稍内卷，长 2.5~5 cm，宽 2~4 mm，表面疏生柔毛，背面近无毛。

　　沟叶结缕草生长于平原、山坡或海滨草地上。其喜温暖湿润气候，受海洋气候影响的近海地区对其生长最为有利。喜光，在通气良好的开旷地上生长壮实，但又有一定的耐阴性。抗旱、抗盐碱、抗病虫害能力强，耐瘠薄、耐践踏、耐一定的水湿。

图 6-15　沟叶结缕草

（3）多年生黑麦草

　　多年生黑麦草（学名：*Lolium perenne* L.）喜温暖、湿润气候，适宜夏无酷暑、冬无严寒，年降水量 600~1 500 mm 的地区生长。最适生长温度 18~23 ℃，高于 35 ℃ 则生长受阻，难耐 15 ℃ 以下的低温。强光照、短日照、较低温度等条件有利于其分蘖，而高温会导致分蘖减少甚至停止。因其耐寒抗热性均较差，在北方地区，如东北、内蒙古存在不能越冬或越冬困难的问题，而在南方地区则越夏困难。

多年生黑麦草在海拔 1 000 m 以下，安全越夏有问题，在海拔 1 000~1 200 m 的荫蔽、湿润地方可越夏，在海拔 1 200 m 以上的地方可安全越夏。其适宜在肥沃、湿润、排水良好的壤土或黏土上生长，在微酸性土壤上亦可生长，适宜的 pH 值为 6~7，不适于在沙土或湿地上生长。

图 6-16　多年生黑麦草

5. 天然草地修复主要选择草种

根据当地气候环境条件主要选择适合本地的剪股颖（匍匐耐寒型）、红花苜蓿、粉黛乱子草、香蒲、紫花苜蓿等草种。

（1）剪股颖

剪股颖（学名：*Agrostis matsumuraeHack.* ex Honda）是禾本科，属多年生草本植物，具细弱的根状茎。秆丛生，直立，柔弱，高可达 50 cm，叶鞘松弛，平滑，叶舌透明膜质，先端圆形或具细齿，叶片直立，扁平，短于秆，微粗糙，上面绿色或灰绿色，圆锥花序窄线形，小穗柄棒状，第一颖稍长于第二颖，外稃无芒，内稃卵形，花药微小，4—7月开花结果。分布于中国四川东部、云南、贵州及华中、华东等省区。生长于海拔 300~1 700 m 的草地、山坡林下、路边、田边、溪旁等处。其有一定的耐盐碱力，适时修剪，可形成细致、植株密度高、结构良好的毯状草坪，尤其是在冬季。常被用于绿地、高尔夫球场球盘及其他类型的草坪。

图 6-17　剪股颖

（2）高羊茅

高羊茅（学名：*Festuca elata* Keng ex E. Alexeev）是禾本科羊茅属多年生草本植物。性喜寒冷潮湿、温暖的气候，在肥沃、潮湿、富含有机质、pH 值为 4.7~8.5 的细壤土中生长良好。不耐高温；喜光，耐半阴，对肥料反应敏感，抗逆性强，耐酸、耐瘠薄，抗病性强。在温带和亚热带均有分布，最高分布海拔为 2 200 m。秆呈疏丛或单生，直立，高可达 120 cm，叶鞘光滑，具纵条纹，叶舌膜质，截平，叶片线状披针形，通常扁平，下面光滑无毛，上面及边缘粗糙，圆锥花序疏松开展，含花；颖片背部光滑无毛，顶端渐尖，边缘膜质，外稃椭圆状披针形，平滑，内稃与外稃近等长，两脊近于平滑；颖果顶端有毛茸。4—8月开花结果。其分布于中国广西、四川、贵州等地，生长于路旁、山坡和林下。

图 6-18　高羊茅

（3）红车轴草

红车轴草（学名：*Trifolium pratense* L.）为豆科多年生草本植物，又名红三叶、红花苜蓿和三叶草等。喜凉爽湿润气候，夏天不过于炎热、冬天不十分寒冷的地区最适宜生长。气温超过 35 ℃生长受到抑制，40 ℃以上则出现黄化或死亡，高温干旱年份在南昌地区难以越夏。冬季最低气温达 –15 ℃，则其难以越冬。红车轴草耐湿性良好，但耐旱能力差。在 pH 值为 6~7、排水良好、土质肥沃的黏壤土中生长最佳。原产小亚细亚与东南欧，广泛分布于热带及亚热带地区。美国、俄罗斯栽培面积最大。中国东北、华北、西南、安徽、江苏、江西、浙江等地都有生长，中国新疆、云南、贵州、吉林、湖北鄂西地区均有野生种。

图 6-19　红车轴草

（4）粉黛乱子草

粉黛乱子草［学名：*Muhlenbergia capillaris*（Lam.）Trin.］是禾本目禾本科乱子草属植物，属于多年生暖季型草本，原产于北美大草地。粉黛乱子草喜光照，耐半阴，生长适应性强，耐水湿、耐干旱、耐盐碱，在沙土、壤土、黏土中均可生长。粉黛乱子草的花每个具有约 2 或 3 个雄蕊和花药，长 1~1.8 mm。花朵在秋季生长，特别是 9—10 月，通常呈粉红色或紫红色。它们从下往上成熟。该植物是一种"暖季"植物，因此它在夏季开始生长，并在秋季盛开。种子茎高 60~150 cm。花朵产生椭圆形棕褐色或棕色种子，长度不到半英寸。夏季为主要生长季。花期为 9 月中旬至 11 月中旬，花穗云雾状。开花时，绿叶为底，粉紫色花穗如发丝从基部长出，远看如红色云雾。顶生云雾状粉色花絮，成片种植可呈现出粉色云雾海洋的壮观景色，景观可由 9 月份一直持续至 11 月中旬，观赏效果极佳。该草种为温带主要观赏草种，在重庆海拔 1 300 m 人工种植表现良好，千野草场的气候条件和原产地气候条件相似，因此可以种植。

图 6-20　粉黛乱子草

（5）香蒲

香蒲是香蒲目香蒲科多年生宿根性沼泽草本植物。香蒲喜强光照；喜温暖，不耐寒；耐温；不耐肥，不择土壤。香蒲采用分株或播种的方法繁殖。植株高 1.4~2 m，有的高达 3 m 以上。根状茎白色，长而横生，节部处生许多须根，老黄褐色。茎圆柱形，直立，质硬而中实。叶扁平带状，长达 1 m 多，宽 2~3 cm，光滑无毛。基部呈长鞘抱茎。花单性，肉穗状花序顶生圆柱状似蜡烛。雄花序生于上部，长 10~30 cm，雌花序生于下部，与雄花序等长或略长，两者中间无间隔，紧密相连。呈灰褐色。花小，无花被，有毛。雄花有雄蕊 3 枚，花粉黄色，每 4 粒聚成块，雌花无小苞片，子房线形，有柄，花柱单一。果序圆柱状，褐色，坚果细小，具多数白毛。内含细小种子，椭圆形。花期为 6—7

月，果期为7—8月。花柱如香柱，可观赏。温带和亚热带都有天然分布，最高分布海拔在2 000 m以上。

图6-21 香蒲

（6）紫花苜蓿

紫花苜蓿（学名：*Medicago sativa* L.），原名紫苜蓿，又名苜蓿，是蔷薇目豆科苜蓿属多年生草本。紫苜蓿喜欢温暖和半湿润到半干旱的气候，抗寒性较强；适合种植在排水良好、水分充足、土壤肥沃的沙土或土层深厚的黑土。生长适温16~25 ℃。根粗壮，深入土层，根茎发达。茎直立、丛生以至平卧，四棱形，无毛或微被柔毛，枝叶茂盛。种子卵形，长1~2.5 mm，平滑，黄色或棕色。花期为5—7月，果期为6—8月。原产于小亚细亚、伊朗、外高加索一带。世界各地都有栽培或呈半野生状态。生长于田边、路旁、旷野、草地、河岸及沟谷等地。

图 6-22　紫花苜蓿

（三）草地资源监测体系建设

草地调查监测是草地事业的基础性工作，是摸清草地资源，掌握草地生态功能、草地生产力、草地退化程度、草地灾害、草地开发利用方式等草地基本情况，评定草地保护工程效益、草地生态状况，开展草地动态监管的重要技术手段，是草地生态系统保护修复和持续利用的基础。草地调查监测主要服务于草地生态系统的利用和管理，为草地生态系统可持续发展提供基本有效的参考依据。然而，随着人类活动的不断加剧和气候变化的影响，草地资源面临着日益严重的退化、沙化等问题。因此，建立完善的草地资源监测体系，对于掌握草地资源现状、预测变化趋势、制订科学合理的保护和管理措施具有重要意义。

图 6-23　草种质资源调查

1. 技术方法

（1）地面调查技术

自我国开展草地资源调查以来，地面调查便成为主要的技术手段之一。传统地面调查方法一直以样地调查和样方调查为主，通过样方获取的样地基本信息来说明整体情况。由于早期的草地资源调查主要服务于生产，因此通过实地调查，可以获取草地资源的详细信息，包括草地的盖度、多度、高度、可食牧草系数、单位面积产草量和类型产草量。地面调查技术可以提供准确、详细的数据，为遥感监测技术的校验和补充提供依据。草地资源地面调查技术将随着调查目标要求的变化而变化。

（2）遥感监测技术

遥感监测技术是草地资源监测体系的重要手段之一。自 20 世纪 70 年代以来，遥感技术迅猛发展，草地资源遥感调查更新了常规的调查方法和手段，利用航空相片（黑白航片、彩虹外航片）和航天影像（MSS\TM\SPOT）的基本特征参数，结合少量的地面实测，查清草地的类型和分布，从而确定草地的数量和质量。遥感技术具有覆盖范围广、信息获取速度快、成本低廉等优点，是草场调查实现快速、高精度、低成本的重要途径，基本解决了传统草地监测技术准确性差、效率低、人力物力资源需求量大的问题。在草地资源监测中发挥着重要作用。

（3）数据处理技术

数据处理技术是草地资源监测体系的关键环节。数据处理技术包括数据清洗，标准化，遥感影像的正确预处理和判读，数据精确的统计分析，地面资料的科学收集等，是草地遥感对监测数据的处理和分析的 3 个技术关键，可以提取有效信息，为决策提供支持。

综上所述，自 2018 年以来，我国的草地资源监测采用遥感解译调查为主、地面调查为辅的技术路线，建立草地资源专项调查数据库，重点向在线核实现场调查数据真实性，充分运用大数据、云计算和互联网等新技术建立草地调查数据库等方向发展，更加注重"天空地一体化"组网监测技术和空间信息的表达。

2. 重庆的建设与探索

重庆市草地主要位于四川盆地东部，受气候变化、自然灾害（鼠害、虫害、毒杂草）、不合理人为活动（乱采滥挖、过度放牧、非法征占用）等因素的影响，全市草地面积、类型、分布及生态状况都发生了明显变化。对于重庆市草地的重视程度不足，草地本底数据不清、基础数据不全、调查监测指标不完善、监测体系尚未完善、地面监测站点数量较少等问题突出。随着经济和社会发展水平提升，调查监测新技术、新模式已经在草地调查监测中使用，但高新技术在调查监测方面的应用还不够深入、不够广泛。此外，长期草地调查监测经费不足，导致草地调查监测基础研究不够、研究深度不足，限制了现代测量、无人机、空间探测等高新监测技术在草地调查监测中的广泛应用，导致调查监测水平精确化、智能化、网络化、信息化程度不高。通过对国内外草地资源调查监测发展和现状分析，对重庆市相关工作的开展可得到如下启示。

（1）完善草地调查监测体系

草地调查监测是一项系统性工作，要充分认识其重要性。要建立健全草地监测调查组织管理体系，敢于打破常规，灵活求变，大胆创新，完善人才培养、引进、评价、使用、激励等制度，整合、壮大现有技术力量，形成省、市、县三级工作机制，充分参与，主动作为，落实草地监测主体责任。根据草地监测工作新形势、新要求，对草地调查监测指标进行适时调整，更好服务于草地现代化管理。加快推进草地调查监测技术标准、规范制定，对原有行业、省级地方标准进行梳理，按照突出重点、逐步递进的原则，推进草地监测标准的修订和制定，解决草地监测技术标准不统一、数据格式不规范、采集内容不科学等问题，构建符合新时期新要求的草地调查技术标准体系。

图 6-24　野外草地监测

（2）构建完整草地监测调查网络

根据重庆市草地资源分布状况，结合气候、地形、地貌等自然条件因素，建立优化一批有持续保障的国家级、省市级草地野外固定监测平台，改变原来随机抽样的调查方法，同时在野外典型区域配备无人值守自动数据采集终端，实现草地监测数据自动采集传输，高效完成野外监测工作，形成依靠科技创新构建草地高质量发展的新局面。

（3）提高监测精细化水平

随着人工智能、大数据等技术的快速发展，草地资源监测体系将实现智能化发展。通过引入智能算法和模型，可以实现对草地资源的自动识别和分类，提高监测效率和准确性。同时，智能化监测体系还可以实现预警和预测功能，为草地资源的保护和管理提供更加强有力的支持。未来草地资源监测体系将更加注重精细化监测。通过采用高分辨率遥感影像、无人机等先进技术手段，可以实现对草地资源的更精细尺度上的监测。这将有助于更准确地掌握草地资源的分布和变化情况，为制定更加精细化的保护和管理措施提供依据。

（4）创建草地监测管理信息决策平台

草地调查监测数据复杂庞大，目前信息化、智能化程度不高，草地信息化管理系统也尚未建立。监测数据不能实现在线浏览，缺乏与物联网、云平台、人工智能等高新技术的融合。急需通过数据的收集采集、分析整理，建设草地监测评价数据库；通过数据的逻辑关系，结合草地管理业务，构建高度人机交互的草地监测管理信息决策平台。要抓住林草生态网络感知系统建设的重要机遇期，积极推进草地管理信息平台建设。通过草地监测评价掌握每块草地的分布、面积、数量、质量及其动态变化，实现草地空间信息的展现，实现不同权限的信息共享和交互传输。通过草地资源调查监测，掌握草地基本信息、生长状况、生产力、灾害状况、生态状况、利用状况、保护修复和行政执法等专题属性，实

现草地监测、生态修复、退化管理、鼠虫害等业务的信息化管理，推进草地管理向精细化、数字化和科学化转变，提高草地管理的科技水平，实现对大容量数据的高效管理应用。

草地监测是开展草地相关工作的"哨兵""耳目"，是实现草地监督管理的重要基础，是加强草地保护建设的重要依据，是促进草地可持续发展的重要手段。构建新时期草地监测体系，必将推进草地监测工作步上新台阶，为政府、企业和社会各方面提供真实可靠准确权威的草地管理信息，真正实现草地可持续高质量发展，助推生态文明和美丽中国建设。

草地资源监测体系建设是保护和管理草地资源的重要手段和基础工作。通过建立完善的监测体系，可以掌握草地资源的现状，预测变化趋势，制订科学合理的保护和管理措施。未来，随着科技的不断进步和社会对生态环境保护的日益重视，草地资源监测体系将朝着智能化、精细化、多源数据融合等方向发展。我们应继续加强草地资源监测技术的研究和创新，推动监测体系的不断完善和发展，为草地资源的可持续利用和生态文明建设作出更大的贡献。

四、完善基础设施建设

（一）草本植物基因库建设

1. 草本植物基因库建设的必要性

（1）保护生物多样性

草本植物种类繁多，分布广泛，其遗传资源的保存对于维护生物多样性至关重要。基因库的建设有助于防止珍稀濒危草本植物的灭绝，为后代留下宝贵的遗传资源。

（2）促进科学研究

草本植物基因库为植物的科学研究提供了丰富的基因库材料。通过对基因库中不同物种的基因进行分析和比较，可以揭示草本植物的进化关系、遗传结构以及基因功能，为植物育种、生态学研究等领域提供有力支撑。

图 6-25　建设物种基因库

（3）推动产业发展

草本植物基因库的建设有助于推动相关产业的发展。一方面，基因库中的基因资源可用于培育新品种，提高草本植物的产量和品质；另一方面，基因库中的遗传信息可用于开发新型药物、生物农药等，为医药、农业等领域提供新的增长点。

2. 草本植物基因库建设的现状

目前，全球范围内已建立了多个草本植物基因库，涵盖了多种类型的草本植物。这些基因库通过收集、保存、鉴定和共享遗传资源，为科研和产业发展提供了有力支撑。然而，草本植物基因库建设仍面临诸多挑战，如资金短缺、技术瓶颈、管理不善等。

3. 草本植物基因库建设的技术方法

（1）样本收集与保存

样本收集是基因库建设的基础。在收集过程中，应确保样本的代表性、真实性和完整性。同时，应采用先进的保存技术，如低温保存、超低温保存等，确保样本中遗传信息的稳定性和长期保存。

（2）遗传资源鉴定与评估

对收集到的草本植物样本进行遗传资源鉴定和评估是基因库建设的重要环节。通过分子标记、基因测序等技术手段，可以揭示草本植物的遗传多样性和亲缘关系，为后续的基因挖掘和利用提供依据。

（3）信息化管理与共享

建立草本植物基因库信息化管理系统，实现遗传资源的数字化、网络化和智能化管理。通过信息共享平台，促进基因库资源的共享和利用，推动草本植物基因资源的全球合作与交流。

草本植物基因库建设是保护和利用草本植物遗传资源的重要手段，对于维护生物多样性、推动科学研究及促进产业发展具有重要意义。然而，目前草本植物基因库建设仍面临诸多挑战和问题。因此，应加大资金和技术投入，完善管理与利用机制，加强国际合作与交流，推动草本植物基因库建设的持续发展。

在未来的发展中，我们期待草本植物基因库能够在保护生物多样性、促进科学研究及推动产业发展等方面发挥更大的作用，为人类社会的可持续发展作出更大的贡献。同时，我们也应关注基因库建设中的伦理和安全问题，确保基因资源的合理利用和生物安全。

综上所述,草本植物基因库建设是一项长期而艰巨的任务,需要政府、科研机构、企业和社会各界的共同努力。通过不断研究和实践,我们相信草本植物基因库建设一定能够取得更加显著的成果,为人类的未来发展注入新的活力和动力。

图 6-26　样本收集与保存

（二）草本植物迁地保护和种质资源库建设

草本植物资源库作为收集、保存、研究和利用草本植物资源的重要平台,其建设与发展对于保护生物多样性、促进植物科学研究以及推动相关产业发展具有重要意义。

1. 草本植物资源库建设的现状

（1）国内外资源库建设概况

在国际上,草本植物资源库建设也呈现出蓬勃发展的态势。许多发达国家和国际组织都高度重视草本植物资源的保护和利用,建立了多个国际性的草本植物资源库。这些资源库在收集、保存和研究草本植物资源方面积累了丰富的经验和技术，为全球范围内的植物科学研究和产业发展提供了重要支撑。

近年来，我国在草本植物资源库建设方面取得了显著进展。国家自然资源部、农业农村部等相关部门积极推动草本植物资源调查和收集工作，建立了多个国家级和省级草本植物资源库。这些资源库不仅收集了大量的草本植物样本，还开展了资源鉴定、评价和利用等方面的研究。同时，国内许多高校和科研机构也建立了自己的草本植物资源库，为教学和科研提供了丰富的材料。

（2）主要成绩与亮点

①资源收集与保存规模扩大。随着资源库建设的不断推进，国内外草本植物资源库的资源收集与保存规模不断扩大。这些资源库通过野外采集、引种驯化、人工繁育等方式，收集了大量的草本植物样本，涵盖了广泛的种类和地理分布。同时，资源库还采用先进的保存技术，确保草本植物样本的遗传信息和生物活性得以长期保持。

②资源评价与利用水平提升。草本植物资源库不仅关注资源的收集和保存，还积极开展资源的评价和利用研究。通过对草本植物样本的遗传特性、生态适应性、经济价值等方面的评估，资源库为科研和产业发展提供了有力的支撑。同时，资源库还加强与其他领域的合作与交流，推动草本植物资源在医药、农业、生态修复等方面的应用。

③信息化与智能化水平提高。随着信息化技术的快速发展，草本植物资源库建设的信息化与智能化水平不断提高。许多资源库建立了信息化管理系统，实现了资源数据的数字化、网络化和智能化管理。这些系统不仅方便了资源的查询、分析和利用，还提高了资源库的管理效率和资源共享水平。

2. 草本植物资源库建设的意义

（1）保护生物多样性，维护生态平衡

①保护珍稀濒危草本植物。草本植物资源库的建设有助于收集、保存和研究珍稀濒危草本植物，防止这些物种因环境变化、人类活动等原因而灭绝。通过科学的保存方法，资源库可以确保这些植物的遗传信息得以长期传承，为后续的物种保护和恢复工作提供可能。

图 6-27　珍稀濒危草本植物：七叶一枝花

②维护生态系统稳定性。草本植物在生态系统中扮演着重要角色，它们为其他生物提供食物、栖息地等生态服务。资源库的建设有助于维护草本植物种群的多样性和稳定性，进而保持生态系统的完整性和功能。这对维护地球生态平衡、促进可持续发展具有重要意义。

（2）为植物育种和遗传改良提供基础材料

①提供丰富的遗传资源。草本植物资源库收集了大量的草本植物样本，涵盖了广泛的种类和地理分布。这些样本具有丰富的遗传多样性，为植物育种和遗传改良提供了宝贵的基础材料。育种者可以从资源库中

筛选出具有优良性状的材料，通过杂交、选择等手段培育出更加适应环境、产量更高、品质更好的新品种。

②促进植物遗传学研究。草本植物资源库的建设不仅提供了物质基础，还为植物遗传学研究提供了便利。通过对资源库中的样本进行深入研究，科学家可以揭示草本植物遗传信息的传递规律、基因与性状的关系等，为植物育种和遗传改良提供理论支持。

（3）促进生态修复和环境保护

①提供生态修复材料。草本植物在生态修复中发挥着重要作用。它们生长迅速、适应性强，能够快速覆盖裸露的土壤，防止水土流失和土壤侵蚀。草本植物资源库的建设为生态修复工程提供了丰富的材料来源。工程师可以从资源库中筛选出适合当地环境的草本植物，通过种植、管理等措施，促进生态系统的恢复和重建。

图 6-28 运用草本植物修复边坡裸地

②增强环境保护意识。草本植物资源库的建设不仅关注资源的保护和利用，还注重公众教育和科普宣传。通过展示草本植物的多样性、生态功能和应用价值，资源库可以增强公众对环境保护的认识和意识，推动形成全民参与、共同保护地球生态环境的良好氛围

（4）支撑草药资源开发和药物研发

①丰富草药资源种类。草本植物中蕴含着丰富的药用成分，许多传统草药和现代药物都来源于草本植物。草本植物资源库的建设有助于收集、保存和研究具有药用价值的草本植物，丰富草药资源的种类和数量。这为草药资源的开发和利用提供了物质基础，有助于推动中医药等传统医学的发展和创新。

图 6-29　黄精中草药

②推动药物研发创新。通过对草本植物资源库中的样本进行深入研究，科学家可以发现新的药用成分、揭示药物作用机制等，为药物研发提供新的思路和方向。此外，资源库还可以为药物研发提供稳定的

原料来源和质量保障，推动药物研发的创新和进步。

3.草本植物资源库建设的技术方法

（1）样本采集与标准化处理

①样本采集技术。样本采集是草本植物资源库建设的基础工作，其质量直接影响到后续研究的可靠性。在采集过程中，应根据不同草本植物的生长环境和生态习性，制定科学的采集方案。采集人员应具备专业的植物学知识，能够准确识别目标物种，并遵循科学的采集方法，确保样本的完整性和代表性。

②标准化处理技术。为了保证样本的一致性和可比性，需要对采集的草本植物样本进行标准化处理。这包括样本的清洗、干燥、保存等步骤。清洗过程中应去除样本表面的杂质和污染物，干燥时应控制温度和湿度，避免样本变形或损坏。保存过程中应选择合适的容器和保存方式，确保样本的长期稳定性。

（2）遗传信息的保存与管理

①遗传信息保存技术。草本植物遗传信息的保存是资源库建设的关键环节。目前，常用的保存技术包括低温保存、超低温保存和离体保存等。低温保存利用低温条件减缓细胞代谢速度，延长细胞寿命；超低温保存则利用液氮等极低温介质实现细胞的长期保存；离体保存则是通过组织培养等方法，将植物的细胞、组织或器官保存在离体条件下。这些技术各有优缺点，应根据实际情况选择合适的保存方法。

②遗传信息管理方法。遗传信息的管理涉及数据的收集、整理、存储和查询等环节。在收集过程中，应记录样本的采集信息、保存条件、遗传特性等关键数据；整理过程中应对数据进行清洗、分类和标注，确

保数据的准确性和可用性；存储过程中应选择稳定可靠的数据库系统，确保数据的安全性和长期保存；查询过程中应提供便捷的查询接口和查询工具，方便用户快速获取所需信息。

（3）信息化平台的构建与应用

①信息化平台构建技术。信息化平台的构建是实现草本植物资源库高效管理的重要手段。在平台构建过程中，应充分考虑资源库的实际需求和用户的使用习惯，设计合理的系统架构和功能模块。同时，应采用先进的数据库技术、云计算技术等，提高平台的稳定性和扩展性。此外，还应注重平台的易用性和安全性，确保用户能够方便快捷地使用平台，并保障数据的安全性和隐私性。

②信息化平台应用方式。信息化平台在草本植物资源库建设中的应用广泛而深入。通过平台，用户可以方便地查询和浏览资源库中的样本信息、遗传信息以及研究成果等；同时，平台还可以提供数据分析、数据挖掘等功能，帮助用户深入挖掘数据价值，发现新的研究点和应用方向。此外，平台还可以作为学术交流和合作的平台，促进不同领域的研究人员之间的合作与交流。

（4）数据共享与利用机制

①数据共享机制。数据共享是草本植物资源库建设的重要目标之一。为了实现数据的共享，需要建立科学的数据共享机制。其包括制定数据共享政策、建立数据共享平台、制定数据共享标准等。数据共享政策应明确数据的所有权、使用权和利益分配等问题；数据共享平台应提供便捷的数据上传、下载和查询等功能；数据共享标准则应确保数据的格式、质量和可用性符合统一标准，方便不同用户之间的数据交换和利用。

②数据利用机制。数据利用是数据共享的最终目的。为了充分发挥数据的价值，需要建立有效的数据利用机制。其包括开展数据分析、挖

掘和应用研究等工作，将数据转化为具有实际应用价值的成果。同时，还应加强数据利用的监管和评估，确保数据的合理利用和避免滥用。此外，还可以通过举办学术会议、研讨会等活动，促进数据利用成果的交流与推广。

草本植物资源库建设是保护和利用草本植物资源的重要途径，对于维护生物多样性、推动植物科学研究及促进产业发展具有重要意义。然而，目前资源库建设仍面临诸多挑战和问题，需要政府、科研机构、企业和社会各界的共同努力来推动其持续发展。通过加强资金和技术投入、完善资源收集与保存体系、建立健全的管理与利用机制以及推动国际合作与交流等措施，我们可以期待草本植物资源库在未来能够发挥更大的作用，为人类的可持续发展作出更大的贡献。

（三）草本植物就地保护与繁育基地建设

随着全球生态环境的日益恶化，草本植物作为生态系统的重要组成部分，其保护和繁育工作显得尤为重要。在草本植物的自然分布地，特别是集中分布的区域，划定专门的保护区域，避免人为干扰和破坏。同时，采用人工手段促进草本群落的恢复和更新。草本植物繁育基地的建设，不仅有助于保护和繁育珍稀濒危植物，还为植物资源的创新利用提供了有力支撑。

1. 草本植物繁育基地建设的意义

（1）保护生物多样性

草本植物繁育基地的建设，首要任务就是保护生物多样性。通过收集、保存和繁育珍稀濒危草本植物，繁育基地可以有效防止这些物种因环境变化、人类活动等原因而灭绝。这不仅有助于维护生态系统的稳定性，还为后续的植物资源利用提供了物质基础。

（2）推动植物育种和遗传改良

繁育基地汇聚了大量的草本植物种质资源，为植物育种和遗传改良提供了丰富的素材。通过杂交育种、基因编辑等手段，可以培育出具有优良性状、适应性强、产量高的新品种，为农业生产提供有力支撑。

（3）促进生态修复和环境保护

草本植物在生态修复和环境保护中发挥着重要作用。繁育基地可以培育出适合当地生态环境的草本植物，为生态修复工程提供优质的种源。同时，通过推广草本植物种植技术，可以提高土地覆盖率，减少水土流失，改善生态环境。

（4）支撑草药资源开发和药物研发

草本植物中蕴含着丰富的药用成分，是草药资源开发和药物研发的重要来源。繁育基地可以针对具有药用价值的草本植物进行专门繁育和

图 6-30　黄连种植基地

研究，为草药资源的可持续利用和药物研发提供有力支撑。

2. 草本植物繁育基地建设的基本原则

（1）科学规划，合理布局

繁育基地的建设应遵循科学规划、合理布局的原则。根据当地的自然条件、生态环境和种质资源分布情况，制订科学的建设方案，确保基地的布局合理、功能完善。

（2）保护优先，合理利用

在繁育基地的建设过程中，应坚持保护优先、合理利用的原则。加强对珍稀濒危草本植物的保护力度，确保其种群数量和遗传多样性得到有效保护。同时，合理利用种质资源，推动其在农业、园艺业和生态修复等领域的应用。

（3）技术创新，提升水平

繁育基地的建设应注重技术创新和水平提升。引进先进的繁育技术和管理经验，提高繁育效率和质量。同时，加强科研攻关，培育具有自主知识产权的新品种，提升我国草本植物繁育技术的国际竞争力。

3. 草本植物繁育基地建设的技术方法

（1）种质资源收集与保存

繁育基地的首要任务是收集并保存各类草本植物的种质资源，包括野生种、栽培种以及具有特殊价值的种质资源。收集过程中应遵循科学的方法和原则，确保种质资源的完整性和代表性。同时，应建立完善的种质资源库，采用低温保存、超低温保存等先进技术，确保种质资源的长期保存和活性。

图 6-31　植物育种实验

（2）繁育技术研究与应用

繁育技术是繁育基地建设的关键环节。针对不同类型的草本植物，应研究并应用适宜的繁育技术，如种子繁殖、分株繁殖、组织培养等。通过优化繁育条件，提高繁育效率，确保繁育出的植物具有良好的生长势和遗传稳定性。此外，还应加强繁育技术的创新研究，探索新的繁育方法和手段，为草本植物资源的保护和利用提供技术支持。

（3）基地设施建设与管理

繁育基地的设施建设是保障繁育工作顺利进行的基础。应建设包括温室、大棚、实验室等在内的完备设施，为繁育工作提供良好的环境条件。同时，应制订科学的管理制度，规范繁育工作的流程和要求，确保繁育工作的质量和效率。此外，还应加强基地人员的培训和管理，提高他们的专业素养和操作技能，为繁育工作的顺利进行提供有力保障。

草本植物繁育基地的建设是保护生物多样性，推动农业和园艺业发展以及促进生态修复和环境保护的重要举措。通过科学规划、合理布局、保护优先、合理利用以及技术创新等原则和方法的应用，我们可以建设出功能完善、技术先进的繁育基地，为草本植物资源的保护和利用提供有力支撑。

图 6-32　育种试验基地建设

　　展望未来，随着科技的不断进步和社会对生态环境保护的日益重视，草本植物繁育基地将在更多领域发挥重要作用。我们应继续加强繁育技术的研究与创新，推动繁育基地向智能化、生态化和绿色化方向发展。同时，加强国际合作与交流，共同推动全球草本植物资源的保护和利用工作取得更加显著的成果。相信在不久的将来，草本植物繁育基地将成为推动植物资源保护与创新利用的重要力量。

第三节　社会保护策略

一、提升社会意识

草资源作为地球上重要的生态系统组成部分，对于维护生态平衡、促进畜牧业发展以及保持水土等方面发挥着至关重要的作用。然而，当前社会对于草资源保护的意识普遍薄弱，导致草资源面临着严重的破坏和退化问题。因此，提升社会在草资源保护方面的意识，成为当前亟待解决的重要任务。

（一）加强草资源保护知识的普及与教育

提升社会意识的首要任务是加强草资源保护知识的普及与教育。只有公众对草资源的价值、保护意义以及破坏草资源的后果有了深刻的认识，才能够形成自觉保护草资源的意识。

首先，政府和教育部门应当在学校教育中加强草资源保护知识的传授。将草资源保护课程纳入中小学和高等教育的课程体系中，通过课堂教学、实践活动等形式，让学生从小就能够接触到草资源保护的相关知识，培养他们的环保意识和责任感。

其次，社会组织和媒体也应当承担起普及草资源保护知识的责任。可以通过组织公益讲座、编写宣传手册和教材、制作宣传视频等方式，向公众传递草资源保护的重要性和方法。媒体则可以通过新闻报道、专题节目等形式，加强对草资源保护问题的关注和宣传，提高公众对草资源保护的认知度。

　　此外，还可以利用网络平台和社交媒体等新兴渠道，开展线上教育和宣传活动。通过发布与草资源保护相关的文章、图片、视频等内容，吸引公众的关注，激发他们的参与热情。

图 6-33　开展青少年科普研学活动

（二）推动草资源保护实践活动的参与与体验

　　理论知识的学习是提升社会意识的基础，而实践活动的参与与体验则能够让公众更加深入地了解和感受到草资源保护的重要性。

　　政府和社会组织可以组织志愿者活动，让公众亲身参与到草资源的监测、调查、保护和恢复等工作中来。通过参与实践活动，公众可以更加直观地了解到草资源的生长状况、面临的问题以及保护工作的艰辛和成效，从而增强对草资源保护的认同感和责任感。

　　此外，还可以建立草资源保护示范基地，展示草资源保护的成功案例和先进技术。公众可以通过参观学习，了解草资源保护的最新动态和实践经验，进一步加深对草资源保护的认识。

图 6-34　石漠化草地保护与修复示范基地

　　同时，可以开展以草资源保护为主题的社区活动，如草资源保护知识竞赛、草地徒步、摄影比赛等，吸引公众积极参与，形成浓厚的草资源保护氛围。

图 6-35　生态修复宣传

（三）加强政策引导与激励机制的建设

政策引导和激励机制是提升社会意识的重要保障。政府应当出台相关政策，对草资源保护给予优惠和奖励，激发社会各界参与草资源保护的积极性和主动性。

首先，政府可以制定草资源保护的相关法律法规，明确保护的目标、措施和责任主体，为草资源保护提供法律保障。同时，加大对破坏草资源行为的处罚力度，形成有效的震慑力。

其次，政府可以出台草资源保护的优惠政策，如给予草资源保护项目资金支持、税收优惠等，鼓励企业和个人积极参与草资源保护工作。此外，还可以建立草资源保护的奖励机制，对在草资源保护方面做出突出贡献的单位和个人进行表彰和奖励，树立榜样，激励更多人投身草资源保护事业。

同时，政府还可以探索草资源保护的市场化机制，推动草资源保护工作的可持续发展。通过引入市场机制，吸引社会资本投入草资源保护领域，推动草资源保护工作的专业化和产业化。

（四）加强国际合作与交流

草资源保护是全球性的议题，各国在草资源保护方面都有着丰富的经验和做法。加强国际合作与交流，可以借鉴其他国家和地区的成功经验，共同推动全球草资源保护事业的发展。

政府可以与其他国家在草资源保护领域开展合作，共同研究草资源的保护技术和管理方法。通过共享资源、互通有无，我们可以更加高效地解决草资源保护面临的问题和挑战。

此外，还可以组织国际研讨会、培训班等活动，加强与国际组织、学术机构和专家学者的交流与合作。通过交流和学习，我们可以不断提升草资源保护的技术水平和管理能力，推动草资源保护事业的不断发展。

图 6-36　第八届中 - 日 - 韩国际草地大会研讨盛况

（五）注重发挥媒体和网络的作用

媒体和网络是现代社会信息传递的重要渠道，对于提升社会意识具有不可替代的作用。通过媒体和网络的宣传和传播，可以迅速扩大草资源保护的影响力，提高公众的关注度。

政府和社会组织应当充分利用传统媒体和新媒体平台，加强对草资源保护问题的宣传报道。可以通过电视、广播、报纸等传统媒体发布草资源保护的新闻、专题报道和公益广告，吸引公众的眼球。同时，利用微博、微信、抖音等新媒体平台，发布草资源保护的短视频、图文信息等内容，扩大传播范围，吸引更多年轻人的关注。

此外，还可以利用网络平台开展草资源保护的线上活动，如线上讲座、知识竞赛、主题讨论等，吸引公众积极参与，形成线上线下的互动和联动。

图 6-37　媒体报道退化草地生态修复

（六）加强公众参与和民主监督

公众参与和民主监督是提升社会意识的重要手段。政府应建立健全公众参与草资源保护的机制，鼓励公众积极参与草资源保护的决策、管理和监督过程。通过设立公众举报奖励制度、开展民意调查等方式，广泛听取公众的意见和建议，确保草资源保护工作的透明度和公正性。同时，加强信息公开和舆论监督，对破坏草资源的行为进行曝光和谴责，形成全社会共同关注、共同参与的良好氛围。

综上所述，提升社会在草资源保护方面的意识是一项长期而艰巨的任务。我们需要从普及知识、开展实践活动、加强政策引导与激励机制建设、加强国际合作与交流、发挥媒体和网络平台作用以及加强公众参与和民主监督等多个方面入手，形成全社会共同参与的良好氛围。只有这样，我们才能真正保护好草资源，实现生态系统的可持续发展。

同时，我们还应该认识到，提升社会意识并不是一蹴而就的事情，它需要我们持续不断地努力。我们需要保持对草资源保护事业的热情和耐心，持之以恒地推进相关工作。

在未来的草资源保护工作中，我们还需要不断探索和创新，寻找更加有效的保护方法和策略。例如，可以研究如何利用科技手段提高草资源的利用效率，减少浪费和污染；可以探索如何通过市场机制推动草资源保护产业的发展，实现经济效益和生态效益的双赢等。

此外，我们还应加强与其他国家和地区的合作与交流，共同应对草资源保护面临的全球性挑战。通过分享经验、交流技术、共同研究等方式，我们可以更好地推动草资源保护事业的发展，为全球生态系统的稳定和繁荣做出贡献。

提升社会在草资源保护方面的意识是一项长期而艰巨的任务，需要全社会的共同努力和持续不断的探索与创新。只有这样，我们才能够保护好草资源，实现生态系统的可持续发展，为子孙后代留下一个更加美好、宜居的家园。

二、完善法规政策

目前，我国在草资源保护方面的法规体系尚不完善，存在法律法规空白和交叉重复的情况。一些重要的草资源保护领域缺乏明确的法律规定，导致实际操作中难以有效执行。同时，不同部门之间的法规政策缺乏协调和统一，容易造成管理上的混乱和漏洞。尽管我国已经出台了一系列草资源保护法规，但在实际执法过程中，往往存在执法不严、不细、不实的问题。一些地方对草资源破坏行为视而不见，执法力度明显不足，导致违法行为得不到有效遏制。

草资源保护需要全社会的共同参与和努力，但目前公众参与草资源保护的程度还较低。一方面，公众对草资源保护的重要性认识不足，缺乏参与保护的意识和动力；另一方面，缺乏有效的公众参与机制和渠道，使得公众难以参与到草资源保护的实际工作中来。

（一）已有的法规政策

1. 国家层面

国家层面制定了一系列法律法规，如《中华人民共和国森林法》《中华人民共和国草地法》《中华人民共和国湿地保护法》等，这些法律为草资源的保护提供了基本的法律框架和保障。其中，《中华人民共和国草地法》明确规定了草地保护、建设、利用和规划管理的基本原则和制度，对草地的所有权、使用权、流转、禁牧、休牧、轮牧等方面进行了规范。

2. 各级政府

各级政府也根据实际情况，制定了相应的法规和规章，如地方政府可以制定草地保护的具体措施、草地生态补偿机制等，以进一步落实和执行国家层面的法律法规。

3. 特定领域或问题

针对特定领域或问题，国家还出台了系列政策文件，如草地生态保护补助奖励政策、草地禁牧休牧制度等，这些政策旨在通过经济激励和约束机制，促进草资源的合理利用和保护。

4. 监管和执法

国家还加强了草资源保护的监管和执法力度，建立了相应的执法机构和执法程序，对违法行为进行严厉打击和处罚。

5. 国际合作与交流

国际合作与交流在草资源保护方面也发挥着重要作用。通过参与国际公约、与国际组织合作、开展跨国界项目等方式，共同应对草资源保护面临的挑战。

综上所述，草资源保护方面的法规政策已经形成了一个相对完整的体系，从法律、法规、政策到监管执法等各个环节都有所涵盖。然而，随着社会和经济的发展，草资源保护面临着新的挑战和问题，因此需要不断完善和更新法规政策，以适应新的形势和需求。

（二）完善法规政策的策略

1. 健全法规体系，明确保护要求

针对当前法规体系不健全的问题，应加快完善草资源保护相关的法律法规。一方面，要对现有的法规进行梳理和整合，消除交叉重复和空白领域；另一方面，要根据草资源保护的实际需要，制定更加具体、明确的保护要求和措施。同时，要加强部门之间的沟通和协调，确保法规政策的统一性和协调性。

2. 加大执法力度，严格责任追究

为确保草资源保护法规的有效执行，必须加大执法力度，严格责任追究。一方面，要加强执法队伍的建设和培训，提高执法人员的业务水平和执法能力；另一方面，要建立健全执法监督机制，对执法过程进行

全程监督，确保执法行为的公正性和合法性。对于违法行为，要依法进行严厉打击和处罚，形成有效的震慑力。

3. 提高公众参与度，建立社会共治机制

提高公众参与草资源保护的程度是完善法规政策的重要一环。首先，要加强草资源保护的宣传教育，提高公众对草资源保护的认识和重视程度；其次，要建立健全公众参与机制，为公众提供参与草资源保护的渠道和平台；最后，要鼓励和支持社会各界参与草资源保护活动，形成全社会共同参与的良好氛围。

4. 强化科技支撑，提升保护水平

在完善法规政策的同时，还应注重科技在草资源保护中的应用。通过引进和推广先进的科技手段和技术装备，提高草资源保护的科技含量和效率。例如，可以利用遥感技术、地理信息系统等现代科技手段对草资源进行动态监测和评估；通过生物技术等手段改善草地的生态环境和提高草地生产力等。

5. 加强国际合作与交流，共同应对挑战

草资源保护是全球性的问题，需要各国共同努力。我国应加强与其他国家在草资源保护方面的合作与交流，共同分享经验和技术成果，共同应对草资源保护面临的挑战。通过国际合作与交流，可以推动我国草资源保护法规政策的不断完善和发展。

完善草资源保护法规政策是保障我国草资源可持续利用和生态安全的重要举措。通过健全法规体系、加大执法力度、提高公众参与度、强化科技支撑以及加强国际合作与交流等措施，可以有效提升我国草资源

保护的水平和效果。未来，我们还应继续深化对草资源保护法规政策的研究和实践，不断探索更加科学、有效的保护策略和方法，为构建美丽中国作出更大的贡献。

三、健全人员队伍

由于人口增长、过度放牧、气候变化等多种因素的影响，草资源面临着日益严重的破坏和退化问题。因此，针对草资源保护，建设一支高素质、专业化的人员队伍显得尤为迫切和重要。以下探讨在草资源保护方面关于人员队伍建设的策略。

1. 明确人员队伍建设目标，制定发展规划

我们需要明确草资源保护人员队伍建设的目标，即建设一支具备专业知识、实践经验、创新能力和高度责任感的草资源保护队伍。在此基础上，制定详细的发展规划，包括人员数量、结构、素质提升等方面的规划，以确保人员队伍建设有序进行。

2. 加强教育培训，提升人员素质

教育培训是提升草资源保护人员队伍素质的重要途径。首先，要加强专业知识的培训，包括草资源保护的理论知识、实践技能以及相关法律法规等方面。通过组织培训班、研讨会等活动，提高人员的专业素养。其次，要注重实践经验的积累，鼓励人员参与草资源保护的实践活动，通过实际操作提升实践能力。此外，还要加强创新能力的培养，引导人员关注草资源保护领域的最新动态和技术发展，鼓励创新思维

和创新实践。

3. 优化人员结构，合理配置资源

合理的人员结构是保障草资源保护工作顺利进行的关键。首先，要根据草资源保护工作的实际需求，合理配置人员数量和专业结构。对于重点区域和关键岗位，应增加人员配备，确保工作得到有效开展。其次，要注重人员的专业性和互补性，形成合理的人员梯队。通过引进优秀人才、培养后备力量等方式，不断优化人员结构。此外，还要加强人员之间的沟通与协作，建立良好的工作机制，共同应对草资源保护工作中的挑战。

4. 完善激励机制，激发人员积极性

激励机制是调动草资源保护人员积极性的重要手段。首先，要建立合理的薪酬制度，确保人员得到与其付出相匹配的回报。通过设立绩效奖金、晋升机会等方式，对在草资源保护工作中表现突出的人员进行奖励，激发其工作热情和积极性。其次，要注重人员的职业发展和成长空间。为人员提供培训和学习机会，帮助其提升专业素养和技能水平。同时，建立职业晋升通道，为人员提供更大的发展空间和机会。此外，还可以通过表彰先进、宣传典型等方式，树立榜样和标杆，激发全体人员的荣誉感和归属感。

5. 强化责任意识，加强人员监管

草资源保护人员作为保护工作的主体，其责任意识的高低直接影响到保护工作的效果。因此，我们要强化草资源保护人员的责任意识，使

其充分认识到保护草资源的重要性，明确自己的职责和任务。同时，加强人员监管，建立健全考核机制，对人员的工作表现进行定期评估，对于履行职责不到位的人员要进行问责和处罚。通过强化责任意识和加强监管，确保草资源保护人员能够切实履行职责，为草资源保护事业贡献力量。

6. 推进产学研合作，提升科研人员创新能力

产学研合作是提升草资源保护人员创新能力的重要途径。通过加强与科研机构、高校等单位的合作，可以引入先进的技术和管理经验，提升草资源保护工作的科技含量和创新能力。同时，产学研合作还可以为人员提供实践平台和学习机会，帮助其更好地将理论知识与实践相结合，提升解决实际问题的能力。因此，我们应积极推进产学研合作，加强科研人员与科研机构、高校等单位的交流与合作，共同推动草资源保护事业的发展。

7. 加强国际合作与交流，提升人员国际化水平

草资源保护是全球性的议题，各国在保护工作中都面临着相似的挑战和问题。因此，加强国际合作与交流对于提升草资源保护人员的国际化水平具有重要意义。我们可以组织人员参加国际会议、研讨会等活动，与国际同行进行面对面的交流和探讨。同时，还可以开展国际合作项目，共同推动草资源保护事业的发展。通过国际合作与交流，我们可以学习借鉴其他国家的成功经验和做法，提升草资源保护工作的水平和效果。

图 6-38　黄连产业产学研合作

8. 注重人员心理健康，营造良好工作氛围

　　草资源保护工作往往面临着艰苦的工作环境和复杂的工作任务，这对人员的心理健康产生了一定的挑战。因此，我们应注重对人员心理健康的关怀和保障，可以通过定期组织心理健康讲座、开展心理辅导活动等方式，帮助人员缓解工作压力和负面情绪；还可以营造积极向上、和谐融洽的工作氛围，增强人员的归属感和幸福感。

　　加强草资源保护人员队伍建设是实现草资源保护目标的关键所在。我们需要从明确目标、加强教育培训、优化结构、完善激励机制、强化责任意识、推进产学研合作、加强国际合作与交流以及注重心理健康等多个方面入手，不断提升草资源保护人员的素质和能力水平。同时，持续保持对草资源保护事业的热情和耐心，积极推进人员队伍建设工作，共同为草资源保护事业作出更大的贡献。

附录　重庆主要草本植物名录

I 蕨类植物门 *PTERIDOPHYTA*	
1 石松科 *Lycopodiaceae*	
石松	*Lycopodium japonicum* Thunb.
2 卷柏科 *Selaginellaceae* Willk.	
江南卷柏	*Selaginella moellendorffii* Hieron.
3 紫萁科 *Osmundaceae* Martinov	
紫萁	*Osmunda japonica* Thunb.
4 海金沙科 *Lygodiaceae* M. Roem.	
海金沙	*Lygodium japonicum*（Thunb.）Sw.
5 里白科 *Gleicheniaceae* C. Presl	
里白	*Diplopterygium glaucum*（Thunb. ex Houtt.）Nakai
芒萁	*Dicranopteris pedata*（Houtt.）Nakaike
6 碗蕨科 *Dennstaedtiaceae* Lotsy	
边缘鳞盖蕨	*Microlepia marginata*（Houtt.）C. Chr.
7 鳞始蕨科 *Lindsaeaceae* C. Presl ex M. R. Schomb.	
乌蕨	*Odontosoria chinensis* J. Sm.
8 凤尾蕨科 *Pteridaceae* E. D. M. Kirchn.	
蕨	*Pteridium aquilinum* var. *latiusculum*（Desv.）Underw. ex A. Heller

续表

毛轴蕨	*Pteridium revolutum*（Blume）Nakai
蜈蚣草	*Eremochloa ciliaris*（L.）Merr.
9 中国蕨科 *Sinopteridaceae*	
野雉尾金粉蕨	*Onychium japonicum*（Thunb.）Kunze
10 乌毛蕨科 *Blechnaceae* Newman	
顶芽狗脊	*Woodwardia unigemmata*（Makino）Nakai
狗脊蕨	*Woodwardia japonica*（L. f.）Sm.
11 桫椤科 *Cyatheaceae* Kaulf.	
桫椤	*Alsophila spinulosa*（Wall. ex Hook.）R. M. Tryon
粗齿桫椤	*Gymnosphaera denticulata*（Baker）Copel.
12 鳞毛蕨 *Dryopteris*	
贯众	*Cyrtomium fortunei* J. Sm.
红盖鳞毛蕨	*Dryopteris erythrosora*（D. C. Eaton）Kuntze
尾叶复叶耳蕨	*Arachniodes caudifolia* Ching et Y. T. Hsieh
13 槲蕨科 *Dryopteridaceae*	
槲蕨	*Drynaria roosii* Nakaike
Ⅱ被子植物门 *ANGIOSPERM*	
1 三白草科 *Saururaceae* Rich. ex T. Lestib.	
蕺菜	*Houttuynia cordata* Thunb.
三白草	*Saururus chinensis*（Lour.）Baill.
2 桑科 *Moraceae* Gaudich.	
地果	*Ficus tikoua* Bureau
葎草	*Humulus scandens*（Lour.）Merr.

3 荨麻科 *Urticaceae* Juss.	
齿叶荨麻	*Urtica dentata*
楼梯草	*Elatostema involucratum* Franch. & Sav.
毛花点草	*Nanocnide lobata* Wedd.
糯米团	*Gonostegia hirta*（Blume）Miq.
透茎冷水花	*Pilea pumila*（L.）A. Gray
苎麻	*Boehmeria nivea*（L.）Gaudich.
4 蓼科 *Polygonaceae* Juss.	
火炭母	*Persicaria chinensis*（L.）H. Gross
头花蓼	*Persicaria capitata*（Buch.-Ham. ex D. Don）H. Gross
何首乌	*Pleuropterus multiflorus*（Thunb.）Nakai
虎杖	*Reynoutria japonica* Houtt.
金荞麦	*Fagopyrum dibotrys*（D. Don）Hara
网果酸模	*Rumex chalepensis* Mill.
齿果酸模	*Rumex dentatus* L.
5 藜科 *Chenopodiaceae*	
藜	*Chenopodium album* L.
土荆芥	*Dysphania ambrosioides*（L.）Mosyakin & Clemants
6 苋科 *Amaranthaceae* Juss.	
绿穗苋	*Amaranthus hybridus* L
7 商陆科 *Phytolaccaceae* R. Br.	
商陆	*Phytolacca acinosa* Roxb.

续表

8 石竹科 *Caryophyllaceae* Juss.	
瞿麦	*Dianthus superbus* L.
繁缕	*Stellaria media*（L.）Vill.
卷耳	*Cerastium arvense* subsp. *strictum* Gaudin
9 毛茛科 *Ranunculaceae* Juss.	
扬子毛茛	*Ranunculus sieboldii* Miq.
大火草	*Anemone tomentosa*（Maxim.）C.P'ei
还亮草	*Delphinium anthriscifolium* Hance
铁棒锤	*Aconitum pendulum* Busch.
爪哇唐松草	*Thalictrum javanicum* Blume
黄连	*Coptis chinensis* Franch.
毛茛	*Ranunculus japonicus* Thunb.
10 小檗科 *Berberidaceae* Juss.	
八角莲	*Dysosma versipellis*（Hance）M. Cheng
11 木兰科 *Magnoliaceae* Juss.	
华中五味子	*Schisandra sphenanthera* Rehder& E. H. Wilson
12 罂粟科 *Papaveraceae* Juss.	
博落回	*Macleaya cordata*（Willd.）R. Br.
黄堇	*Corydalis pallida*（Thunb.）Pers.
尖距紫堇	*Corydalis sheareris* S. Moore.
13 十字花科 *Brassicaceae* Burnett	
紫花碎米荠	*Cardamine tangutorum* O. E. Schulz

14　景天科 *Crassulaceae* J. St.–Hil.	
珠芽景天	*Sedum bulbiferum* Makino
凹叶景天	*Sedum emarginatum* Migo
15　虎耳草科 *Saxifragaceae* Juss.	
虎耳草	*Saxifraga stolonifera* Meerb.
七叶鬼灯檠	*Rodgersia aesculifolia* Batalin
落新妇	*Astilbe chinensis*（Maxim.）Franch. & Sav.
16　蔷薇科 *Rosaceae* Juss.	
地榆	*Sanguisorba officinalis* L.
龙牙草	*Agrimonia pilosa* Ledeb.
三叶委陵菜	*Potentilla freyniana* Bornm.
委陵菜	*Potentilla chinensis* Ser.
17　豆科 *Fabaceae* Lindl.	
常春油麻藤	*Mucuna sempervirens* Hemsl.
葛藤	*Pueraria montana*（Loureiro）Merrill
华南云实	*Caesalpinia crista* Linn.
鸡眼草	*Kummerowia striata*（Thunb.）Schindl.
歪头菜	*Vicia unijuga* A. Br.
野大豆	*Glycine soja* Siebold & Zucc.
鄂羊蹄甲	*Bauhinia glauca* subsp. hupehana
紫花苜蓿	*Medicago sativa*
红车轴草	*Trifolium pratense* L.

续表

18 酢浆草科 *Oxalidaceae* R. Br.	
酢浆草	*Oxalis corniculata* L.
19 牻牛儿苗科 *Geraniaceae* Juss.	
尼泊尔老鹳草	*Geranium nepalense* Sweet
20 卫矛科 *Celastraceae* R. Br.	
南蛇藤	*Celastrus orbiculatus* Thunb
21 葡萄科 *Vitaceae* Juss.	
三裂叶蛇葡萄	*Ampelopsis delavayana*（Franch.）Planch.
乌蔹莓	*Cayratia japonica*（Thunb.）Raf.
崖爬藤	*Tetrastigma obtectum*（Wall.）Planch.
22 猕猴桃科 *Actinidiaceae* Engl. & Gilg	
中华猕猴桃	*Actinidia chinensis* Planch.
23 藤黄科 *Clusiaceae* Lindl.	
地耳草	*Hypericum japonicum* Thunb.ex Murray
贯叶连翘	*Hypericum perforatum* L.
元宝草	*Hypericum sampsonii* Hance
24 堇菜科 *Violaceae* Batsch	
紫花地丁	*Viola philippica* Cav.
25 秋海棠科 *Begoniaceae* C.Agardh	
周裂叶秋海棠	*Begonia circumlobata* Hance
26 野牡丹科 *Melastomataceae* Juss.	
异药花	*Fordiophyton faberi* Stapf

续表

小花叶底红	*Phyllagathis fordii* var. *micrantha*
27 柳叶菜科 *Onagraceae* Juss.	
丁香蓼	*Ludwigia prostrata* Roxb.
28 伞形科 *Apiaceae* Lindl.	
积雪草	*Centella asiatica*（L.）Urb.
野胡萝卜	*Daucus carota* L.
竹叶柴胡	*Bupleurum marginatum* Wall. ex DC.
蛇床	*Cnidium monnieri*（L.）Spreng.
29 报春花科 *Primulaceae* Batsch ex Borkh.	
狼尾花	*Lysimachia barystachys* Bunge
落地梅	*Lysimachia paridiformis* Franch.
临时救	*Lysi achia congestiflora* Hessl.
30 夹竹桃科 *Apocynaceae* Juss.	
络石	*Trachelospermum jasminoides*（Lindl.）Lem.
31 萝藦科 *Asclepiadaceae*	
萝藦	*Cynanchum rostellatum*（Turcz.）Liede & Khanum
32 旋花科 *Convolvulaceae* Juss.	
打碗花	*Calystegia hederacea* Wall.
南方菟丝子	*Cuscuta australis* R. Br.
33 马鞭草科 *Verbenaceae* J. St.-Hil.	
马鞭草	*Verbena officinalis* L.
34 唇形科 *Lamiaceae* Martinov	
糙苏	*Phlomoides umbrosa*（Turcz.）Kamelin & Makhm.

续表

风轮菜	*Clinopodium chinense*（Benth.）Kuntze
活血丹	*Glechoma longituba*（Nakai）Kupr.
石荠苎	*Mosla scabra*（Thunb.）C. Y. Wu et H. W. Li
夏枯草	*Prunella vulgaris* L.
益母草	*Leonurus japonicus* Houtt.
薄荷	*Mentha canadensis* L.
35 茄科 *Solanaceae* Juss.	
白英	*Solanum lyratum* Thunb.
黄果茄	*Solanum virginianum* L.
龙葵	*Solanum nigrum* L.
牛茄子	*Solanum capsicoides* All.
36 玄参科 *Scrophulariaceae* Juss.	
阿拉伯婆婆纳	*Veronica persica* Poir.
细穗腹水草	*Veronicastrum stenostachyum*（Hemsl.）T. Yamaz.
37 苦苣苔科 *Gesneriaceae* Rich. & Juss.	
纤细半蒴苣苔	*Hemiboea gracilis* Franch.
38 茜草科 *Rubiaceae* Juss.	
鸡矢藤	*Paederia foetida* L.
茜草	*Rubia cordifolia* L.
39 忍冬科 *Caprifoliaceae* Juss	
盘叶忍冬	*Lonicera tragophylla* Hemsl.
忍冬	*Lonicera japonica* Thunb.

续表

接骨草	*Sambucus javanica* Reinw. ex Blume
穿心莛子䕶	*Triosteum himalayanum* Wall
40　败酱科 *Valerianaceae*	
白花败酱	*Patrinia villosa*（Thunb.）Juss.
41　葫芦科 *Cucurbitaceae* Juss.	
绞股蓝	*Gynostemma pentaphyllum*（Thunb.）Makino
42　桔梗科 *Campanulaceae* Juss.	
桔梗	*Platycodon grandiflorus*（Jacq.）A. DC.
风铃草	*Campanula medium* L
铜锤玉带草	*Lobelia nummularia* Lam.
杏叶沙参	*enophora petiolata* subsp. *hunanensis*（Nannf.）D. Y. Hong & S. Ge
羊乳	*Codonopsis lanceolata*（Sieb. et Zucc.）Trautv
43　菊科 *Asteraceae* Bercht. & J.Presl	
白花鬼针草	*Bidens pilosa* Linn. var. *radiata* Sch.-Bip
狼把草	*Bidens tripartita* L
抱茎苦荬菜	*Lxeris sonchifolia* Hance
离舌橐吾	*Ligularia wilsoniana*（Hemsl.）Greenm
大蓟	*Cirsium spicatum* Matsum.
东风草	*Blumea megacephala*（Randeria）C. C. Chang & Y. Q. Tseng
黄花蒿	*Artemisia annua* L.
泥胡菜	*Hemistepta lyrata*（Bunge）Fisch. & C. A. Mey.
蒲儿根	*Sinosenecio oldhamianus*（Maxim.）B. Nord.

续表

千里光	*Senecio scandens* Buch.-Ham. ex D. Don.
三脉紫菀	*Aster ageratoides* Turcz.
胜红蓟	*Ageratum conyzoides* L.
鼠麹草	*Gnaphalium affine* D. Don
小蓬草	*Erigeron canadensis* L.
一年蓬	*Erigeron annuus*（L.）Pers.
泽兰	*Eupatorium japonicum* Thunb.
蒲公英	*Taraxacum mongolicum* Hand.-Mazz
青蒿	*Artemisia caruifolia* Buch.-Ham. ex Roxb.
艾	*Artemisia argyi* H. Lév. & Vaniot
44 禾本科 *Poaceae* Barnhart	
牛筋草	*Eleusine indica*（L.）Gaertn.
垂穗鹅观草	*Roegneria nutans*（Keng）Keng.
淡竹叶	*Lophatherum gracile* Brongn
狗尾草	*Setaria viridis*（L.）Beauv.
棕叶狗尾草	*Setaria palmifolia*（J. Konig）Stapf
荩草	*Arthraxon hispidus*（Thunb.）Makino
斑茅	*Saccharum arundinaceum* Retz.
芒	*Miscanthus sinensis* Anderss.
丝茅	*Imperata koenigii*（Retz.）Beauv.
野青茅	*Deyeuxia pyramidalis*（Host）Veldkamp
竹叶草	*Oplismenus compositus*（L.）P. Beauv.
狗牙根	*Cynodon dactylon*（L.）Persoon

扁穗牛鞭草	*Hemarthria compressa*（L. f.）R. Br.
燕麦	*Avena sativa* L.
草地早熟禾	*Poa pratensis* L.
45 莎草科 *Cyperaceae* Juss.	
扁穗莎草	*Cyperus compressus* L.
碎米莎草	*Cyperus iria* L.
香附子	*Cyperus rotundus* L.
垂穗薹草	*Carex brachyathera* Ohwi
浆果薹草	*Carex baccans* Nees
高秆珍珠茅	*Scleria terrestris*（L.）Fassett
砖子苗	*Cyperus cyperoides* （L.）Kuntze
46 天南星科 *Araceae* Juss.	
棒头南星	*Arisaema clavatum* Buchet
一把伞南星	*Arisaema erubescens*（Wall.）Schott
异叶天南星	*Arisaema heterophyllum* Blume
石菖蒲	*Acorus tatarinowii* Schott.
石柑子	*Pothos chinensis*（Raf.）Merr.
半夏	*Pinellia ternata*（Thunb.）Ten. ex Breitenb.
47 鸭跖草科 *Commelinaceae* Mirb.	
鸭跖草	*Commelina communis* L.
杜若	*Pollia japonica* Thunb.
48 百合科 *Liliaceae* Juss.	
菝葜	*Smilax china* L.

续表

七叶一枝花	*Paris polyphylla* Sm.
玉竹	*Polygonatum odoratum*（Mill.）Druce
49 石蒜科 *Amaryllidaceae* J. St.-Hil.	
仙茅	*Curculigo orchioides* Gaertn.
50 薯蓣科 *Dioscoreaceae* R. Br.	
穿龙薯蓣	*Discorea nipponica* Makino.
薯蓣	*Dioscorea polystachya* Turcz.
51 鸢尾科 *Iridaceae* Juss.	
蝴蝶花	*Iris japonica* Thunb.
52 姜科 *Zingiberaceae* Martinov	
山姜	*Alpinia japonica*（Thunb.）Miq.
53 兰科 *Orchidaceae* Juss.	
绶草	*Spiranthes sinensis*（Pers.）Ames.
天麻	*Gastrodia elata* Bl.
54 天门冬科 *Asparagaceae* Juss.	
黄精	*Polygonatum sibiricum* Redouté
麦冬	*Ophiopogon japonicus*（*L. f.*）Ker Gawl.
55 车前科 *Plantaginaceae* Juss.	
车前	*Plantago asiatica* L.

参考文献

［1］蒋延平 . 部首 "艹" 结构演变原因概述 ［J］. 文学教育（下），2014.（1）：142.

［2］许慎，思履 . 全彩图解说文解字 ［M］. 南昌：江西美术出版社，2021.

［3］王本兴 . 甲骨文读本：全 3 册 ［M］. 北京：北京工艺美术出版社，2019.

［4］仓央加措，德央 . 草原生态保护与修复治理问题研讨 ［J］. 乡村科技，2023，
14（17）：122-124.

［5］曹成有，邵建飞，蒋德明，等 . 围栏封育对重度退化草地土壤养分和生物活性的
影响 ［J］. 东北大学学报（自然科学版），2011，32（3）：427-430，451.

［6］沈景林，谭刚，乔海龙，等 . 草地改良对高寒退化草地植被影响的研究 ［J］.
中国草地，2000（5）：50-55.

［7］方精云，景海春，张文浩，等 . 论草牧业的理论体系及其实践 ［J］. 科学通报，
2018，63（17）：1619-1631.

［8］方精云，潘庆民，高树琴，等 . "以小保大" 原理：用小面积人工草地建设换取
大面积天然草地的保护与修复 ［J］. 草业科学，2016，33（10）：1913-1916.

［9］格旦吉，南尖卓玛 . 做好草原保护与修复促进生态可持续发展 ［J］. 黑龙江粮食，
2022（7）：99-101.

［10］古琛，贾志清，杜波波，等 . 中国退化草地生态修复措施综述与展望 ［J］. 生态
环境学报，2022，31（7）：1465-1475.

［11］韩龙，郭彦军，韩建国，等.不同刈割强度下羊草草甸草原生物量与植物群落多样性研究［J］.草业学报，2010，19（3）：70-75.

［12］何念鹏，韩兴国，于贵瑞.长期封育对不同类型草地碳贮量及其固持速率的影响［J］.生态学报，2011，31（15）：4270-4276.

［13］何霄嘉，王磊，柯兵，等.中国喀斯特生态保护与修复研究进展［J］.生态学报，2019，39（18）：6577-6585.

［14］开花，敖特根，布仁吉雅，等.暖季限时放牧对草地植被的影响［J］.中国草地学报，2008（3）：28-31.

［15］李祖国.基于模拟喀斯特石质生境的景观恢复中草灌群落配置关键技术研究［D］.贵阳：贵州大学，2019.

［16］梁德栋.高山草甸退化及修复研究［J］.环境与发展，2018，30（12）：194，196.

［17］刘延斌，张典业，张永超，等.不同管理措施下高寒退化草地恢复效果评估［J］.农业工程学报，2016，32（24）：268-275.

［18］刘忠宽，汪诗平，陈佐忠，等.不同放牧强度草原休牧后土壤养分和植物群落变化特征［J］.生态学报，2006，26（6）：2048-2056.

［19］潘庆民，孙佳美，杨元合，等.我国草原恢复与保护的问题与对策［J］.中国科学院院刊，2021，36（6）：666-674.

［20］潘庆民，杨元合，黄建辉.我国退化草原恢复的限制因子及需要解决的基础科学问题［J］.中国科学基金，2023，37（4）：571-579.

［21］彭艳，赵津仪，莽杨丹，等.退化高寒草地生态恢复的研究进展［J］.高原农业，2018，2（3）：313-320.

［22］王立亚.青海省海南州地区草地封育后植被变化特征分析［J］.安徽农业科学，2008，36（28）：12149-12150.

［23］王荣，蔡运龙.西南喀斯特地区退化生态系统整治模式［J］.应用生态学报，2010，21（4）：1070-1080.

［24］王银柱，戴良先，刘晓英，等.我国草原现状及其生态恢复途径初探［J］.草业与畜牧，2007（5）：29-32.

［25］吴涛，王雪芹，盖世广，等.春夏季放牧对古尔班通古特沙漠南部土壤种子库和地上植被的影响［J］.中国沙漠，2009，29（3）：499-507.

［26］熊梅，安海波，赵萌莉，等.放牧对荒漠草原主要植物种群空间格局与生态位的影响［J］.草地学报，2024，32（4）：1177-1183.

［27］晏永忠.草原生态修复与可持续发展存在的问题及对策研究［J］.草原与草业，2023，35（4）：51-55.

［28］杨爱莲.全国草地鼠虫危害及防治状况［J］.中国牧业通讯，2000（4）：26.

［29］张双阳.内蒙古草甸草原家庭牧场放牧优化管理方式研究［D］.呼和浩特：内蒙古农业大学，2010.

［30］赵钢，曹子龙，李青丰.春季禁牧对内蒙古草原植被的影响［J］.草地学报，2003，11（2）：183-188.

［31］佟海荣，陆兆华，裴定宇，等.草坪对城市生态环境的影响［J］.环境与可持续发展，2010，35（1）：4-7.

［32］吴遥，唐红玉，董新宁，等.2022年夏季重庆极端高温天气特征及其成因分析［J］.暴雨灾害，2024，43（1）：110-120.

［33］IPOC CHANG. Climate change 2021：the physical science basis ［M］. Cambridge, UK：Cambridge University Press，2023.

［34］STRÖMBERG，C A E，CARLA S A. The history and challenge of grassy biomes ［J］. Science（New York，N.Y.），2022，377（6606）：592-593.

［35］CROZIER M J. Multiple-occurrence regional landslide events in New Zealand：Hazard management issues［J］. Landslides，2005，2（4）：247-256.

［36］董世魁.草原保护｜退化草地：长期跟踪评估才能深入认识生态恢复作用［N/OL］.中国绿色时报，（2020-10-21）［2020-10-21］.澎湃网.

［37］周德全，王世杰，张殿发.关于喀斯特石漠化研究问题的探讨［J］.矿物岩石地球化学通报，2003，22（2）：127-132.

［38］时振梁，李裕澈.中国地震区划［J］.中国工程科学，2001，3（6）：4.

［39］钱海涛，张力方，修立伟，等.中国地震地质灾害的主要类型与分布特征［J］.水文地质工程地质，2014，41（1）：119-127.

［40］杨辉霞，岳桂华，于爱华.1000种常见植物野外识别速查图鉴［M］.北京：化学工业出版社，2017.

［41］董宽虎，沈益新.饲草生产学［M］.北京：中国农业出版社，2003.

［42］梅金喜.《本草钢目》故事里的中药［M］.上海：上海科学技术出版社，2023.